A Vida Secreta dos Números

George G. Szpiro

A Vida Secreta dos Números

50 deliciosas crônicas sobre como trabalham e pensam os matemáticos

2ª edição

Tradução
J.R. Souza

DIFEL

Título original: *The Secret Life of Numbers*

Capa: Leonardo Iaccarino

Editoração: DFL

2011
Impresso no Brasil
Printed in Brazil

CIP-Brasil. Catalogação na fonte
Sindicato Nacional dos Editores de Livros, RJ

S995v Szpiro, George, 1950-
2ª ed. A vida secreta dos números: 50 deliciosas crônicas sobre como trabalham e pensam os matemáticos/George G. Szpiro; tradução J.R. Souza. – 2ª edição – Rio de Janeiro: DIFEL, 2011.
272p.

Tradução de: The secret life of numbers
Inclui bibliografia
ISBN 978-85-7432-081-6

1. Matemática - História. I. Título.

CDD – 510
08-0116 CDU – 51

Todos os direitos reservados pela:
DIFEL - selo editorial da
EDITORA BERTRAND BRASIL LTDA.
Rua Argentina, 171 – 2º andar – São Cristóvão
20921-380 – Rio de Janeiro – RJ
Tel.: (0xx21) 2585-2070 – Fax: (0xx21) 2585-2087

Atendimento e venda direta ao leitor
mdireto@record.com.br ou (21) 2585-2002

Dedicado a meus pais
Marta e Benno Szpiro

a minha esposa
Fortunée

e a meus filhos
Sarit, Noam e Noga

Sumário

Parte III
Problemas solucionados

Parte IV
Personalidades

PARTE V
TEMAS CONCRETOS E ABSTRATOS

PARTE VI
POT-POURRI INTERDISCIPLINAR

Prefácio

Em uma festa, sempre que alguém exibe seus talentos recitando estrofes de um poema desconhecido é considerado erudito e cheio de charme. Entretanto, se recitar uma fórmula matemática, ninguém vai achar graça. No máximo, receberá olhares debochados e o título de "convidado mais chato". Com a concordância dos convivas, a maioria das pessoas admitirá não ser, nunca ter sido e jamais vir a ser boa em matemática.

Na verdade, isto é muito surpreendente. Imagine se seu advogado dissesse não saber ortografia, se seu dentista orgulhosamente declarasse não falar qualquer língua estrangeira, se o gerente de seu banco admitisse, com alegria, sempre confundir Voltaire com Molière. Com muita razão, estas pessoas seriam consideradas ignorantes. O mesmo não se passa com a matemática. Qualquer deficiência neste ramo do conhecimento é aceita com compreensão por todos.

Dediquei-me à tarefa de tentar, de alguma forma, remediar essa situação. Este livro contém artigos sobre matemática que escrevi, durante os últimos três anos, para o diário suíço *Neue Zürcher Zeitung* e para sua edição dominical *NZZ am Sonntag*. Era, e continua sendo, meu desejo dar aos leitores um entendimento não apenas da importância, mas também da beleza e elegância do tema. Anedotas e dados biográficos dos freqüentemente excêntricos atores não são desprezados, mas, sempre que possível, dou uma idéia das teorias e provas. A complexidade da matemática não deve ser escondida nem superestimada.

Nem este livro nem, de fato, minha carreira como jornalista matemático evoluíram de forma linear. Após estudos de matemática e física no Instituto Federal de Tecnologia, em Zurique, Suíça, e algumas mudanças de atividade profissional, tornei-me correspondente do *Neue Zürcher Zeitung* em Jerusalém. Meu trabalho era escrever sobre os acontecimentos no Oriente Médio. Entretanto, meu antigo amor pela matemática nunca diminuiu e, quando uma conferência sobre matemática estava para acontecer em Haifa, convenci o editor a enviar-me àquela cidade do norte de Israel para cobrir o evento. Foi uma das melhores coberturas que fiz para o jornal. (Quase tão prazerosa como o cruzeiro, em navio de luxo, no rio Danúbio até Budapeste, mas esta é outra história.) Desde então, tenho escrito, ocasionalmente, sobre temas da matemática.

Em março de 2002, tive oportunidade de explorar meu interesse pela matemática mais regularmente. O jornal *NZZ am Sonntag* lançou a coluna mensal "Pequena tabuada de George Szpiro". Logo descobri, da maneira mais dura, que a receptividade dos leitores era maior que a esperada: a data incorreta de nascimento de um matemático, publicada em uma das primeiras colunas, resultou em cerca de duas dúzias de cartas de leitores, cujos tons variavam do irônico ao raivoso. Um ano mais tarde, recebi uma honra especial: a Academia Suíça de Ciências outorgou à coluna o Prêmio de

Mídia de 2003. Em dezembro de 2005, em uma cerimônia na Royal Society, em Londres, fui indicado como finalista do Prêmio Descartes para Divulgação Científica da Comissão Européia.

Gostaria de agradecer a meus editores em Zurique — Kathrin Meier-Rust, Andreas Hirstein, Christian Speicher e Stefan Betschon — por seu trabalho perseverante e inteligente, a minha irmã Eva Burke, em Londres, pela cuidadosa tradução dos artigos, e a Jeffrey Robbins, da Joseph Henry Press, em Washington, D.C., por transformar o manuscrito naquilo que espero que seja um saboroso livro sobre um tema comumente visto como um osso duro de roer.

George G. Szpiro
Jerusalém, primavera de 2006

I

Curiosidades históricas

1

Anos bissextos encurtados

No início de 2004, ocorreu um fenômeno que se repete apenas cerca de quatro vezes no curso de um século: o mês de fevereiro teve cinco domingos. Um evento destes somente pode ser testemunhado a cada sete anos bissextos, ou seja, uma vez a cada 28 anos. A última vez que isto aconteceu foi em 1976 e a próxima será em 2032.

Há muita coisa curiosa em relação a anos bissextos. Os astrônomos observaram que o intervalo entre dois equinócios de primavera é de 365 dias, 5 horas, 48 minutos e 46 segundos ou 365,242199 dias, o que é quase, mas não exatamente, igual a 365,25 dias. Como uma aproximação, isto é suficientemente bom. Em meados do século I, Júlio César introduziu o calendário que leva seu nome. Neste calendário, cada período de três anos, de 365 dias cada um, seria seguido por um ano bissexto, que incluiria um dia adicional. Durante o milênio e meio seguinte, os anos tiveram, então, uma duração média de 365,25 dias.

No entanto, por volta do final do século XVI, os senhores da Igreja católica não mais aceitavam um erro anual de 11 minutos e 14 segundos. Especialistas calcularam para o Vaticano que, em mil anos, o erro anual acumulado corresponderia a oito dias inteiros.

Segundo eles, em apenas 12 mil anos, o Natal cairia no outono* e a Páscoa teria de ser celebrada em janeiro. Como a Igreja planeja a longo prazo, tal imprecisão era inaceitável.

O papa Gregório XIII (1502-1585) pensou muito sobre o assunto e, por fim, concluiu que o ano juliano — calculado segundo o calendário de Júlio César — era excessivamente longo. Para corrigir a imprecisão, o papa decidiu ajustar o calendário pulando alguns dos anos bissextos: a cada 25 anos bissextos, o dia adicional, originalmente introduzido por César, seria removido. Desta forma, o mês de fevereiro do último ano de cada século — ou seja, cada ano que é divisível por 100 — teria somente 28 dias, embora devesse ser este um ano bissexto. Os anos cujos dias adicionais fossem removidos poderiam, assim, ser chamados de "anos bissextos encurtados". Portanto, cada século teria 75 anos regulares de 365 dias, 24 anos bissextos de 366 dias e um ano bissexto encurtado de, novamente, 365 dias. Em média, cada ano duraria, então, 365,24 dias.

Contudo, a imprecisão persistia — pequena, mas, ainda assim, imprecisão. Uma outra adaptação se fazia necessária. O papa e seus conselheiros puseram-se a pensar novamente e tiveram outra idéia: reinserir o dia adicional a cada quatro anos bissextos encurtados. A falha, por assim dizer, seria corrigida e os anos que fossem divisíveis por 400 seriam "anos bissextos encurtados alongados". Como o ano 1600 se aproximava, foi declarado como o primeiro "ano bissexto encurtado alongado". O próximo seria o ano 2000.

---

* Do hemisfério Norte, entre 22 de setembro e 20 dezembro, portanto. (N.E.)

A duração média de cada ano seria, agora, precisamente 365,2425 dias (três séculos com duração média de 365,24 dias cada um e um século com duração média de 365,25 dias). Bem, você não percebeu? Isto é um pouquinho além da conta. Entretanto, o papa Gregório XIII já estava cansado do assunto. Não haveria mais correções ou ajustes. Nem mesmo a Igreja, conhecida por seu planejamento de longo prazo, estava interessada em corrigir o excedente... digamos, milímetro, levando em conta a ordem de magnitude sendo discutida. A discrepância de 26 segundos por ano corresponde a não mais que um dia a cada 3.322 anos.

Futuras incorreções do calendário haviam, portanto, sido corrigidas; mas, o que fazer em relação àquelas acumuladas durante o milênio e meio que se passou desde que Júlio César introduziu seu calendário? O criativo do papa Gregório resolveu o problema com uma tacada de mestre: em 1582, retirou 10 dias completos do calendário. Com esta solução drástica, o pontífice colhia um benefício adicional. Uma oportunidade para mostrar ao mundo e seus governantes quem era o verdadeiro senhor. Assim, na maioria dos países católicos, a quinta-feira, 4 de outubro de 1582, foi seguida pela sexta-feira, 15 de outubro.

Entretanto, os países não católicos não tinham qualquer intenção de obedecer à determinação papal. Na Inglaterra e em suas colônias (incluindo a América do Norte), a correção somente foi feita em 1752, quando 11 dias foram removidos do calendário. Os russos mantiveram o calendário inalterado até a Revolução, quando foram forçados a eliminar 13 dias. A conseqüência curiosa é que a Revolução de Outubro ocorreu, na verdade, em novembro de 1917.

Ainda assim, nem tudo ficou bem, e ninguém sabe como terminará. Embora tudo parecesse correr suavemente desde o ajuste feito pelo papa Gregório, 400 anos mais tarde o problema volta a ameaçar. A ciência progrediu enormemente e relógios atômicos podem, hoje em dia, medir o tempo com uma precisão de 10^{-14}.[1] Isto corresponde a um erro de não mais de um segundo a cada três milhões de anos. Com medidas tão precisas, um excesso anual de 26 segundos torna-se, novamente, inaceitável. Portanto, este autor gostaria de propor mais um ajuste: remover, a cada oito anos bissextos encurtados alongados, o dia adicional que foi reinserido. Assim, a cada 3.200 anos, o mês de fevereiro teria somente 28 dias. Este seria o passo definitivo na série de ajustes e este ano particular seria chamado de "ano bissexto encurtado alongado encolhido". Finalmente, a duração média de um ano seria de 365,242188 dias. Com base em complexos cálculos, o primeiro ano bissexto encurtado alongado encolhido ocorrerá em 4.400 d.C. Portanto, ainda teremos bastante tempo para reanalisar todo o problema. Ainda faltaria um segundo à duração média de um ano, mas seriam necessários 86.400 anos para que o erro acumulado correspondesse a um dia completo. Esta é uma imprecisão que mesmo os mais excêntricos matemáticos e sacerdotes encobririam... quer dizer, engoliriam.

---

[1] Esta é a forma científica de escrever 0,00000000000001.

2

O FIM DO MUNDO ESTÁ PRÓXIMO?

Como todos sabemos, Isaac Newton foi o mais extraordinário cientista e matemático dos séculos XVII e XVIII. É considerado o pai da física e o formulador da lei da gravidade. Entretanto, era ele, de fato, o pensador racional que imaginamos? Longe disto. Na verdade, Newton era também um fundamentalista religioso, dedicava-se a profundos estudos da Bíblia e escreveu mais de um milhão de palavras sobre temas bíblicos.

O objetivo de Newton era nada mais, nada menos que decifrar as mensagens secretas de Deus. Segundo o grande cientista, estavam escondidas nas Sagradas Escrituras. Acima de tudo, Newton estava decidido a descobrir quando o mundo chegaria ao fim. Ele acreditava que, nesse dia, Cristo retornaria e estabeleceria na terra o Reino de Deus de mil anos e ele — Isaac Newton — governaria o mundo como um dos santos. Durante meio século, Newton cobriu milhares de páginas com cálculos e reflexões religiosas.

Trezentos anos mais tarde, por volta do fim de 2002, o historiador da ciência canadense Stephen Snobelen, do King's College, em Halifax, descobriu um importante documento em meio a um amontoado de manuscritos que haviam sido deixados na residência do duque de Portsmouth por mais de 200 anos. Os manuscritos permaneceram longe das vistas do público até 1936, quando foram leiloados na casa Sotheby's. A coleção foi adquirida pelo estudioso e colecionador judaico Abraham Yehuda, um professor iraquiano de línguas semíticas que, após sua morte, legou-a à Biblioteca Nacional Judaica de Israel. Desde então, os manuscritos têm acumulado pó nos arquivos da Universidade Hebraica, em Jerusalém.

Quando Snobelen analisou os manuscritos, deparou-se com um folha de papel onde o famoso cientista havia calculado o ano do apocalipse: 2060. Newton chegou a esta data por meio de conclusões precisas. A partir de leituras do Livro de Daniel (capítulo 7, versículo 25) e do Livro do Apocalipse, o físico concluiu que o intervalo de três anos e meio representava um crítico período de tempo. Tomando por base um ano de 360 dias (uma simplificação que facilmente ocorreria a um matemático), este intervalo de tempo corresponde a 1.260 dias. Simplesmente substituindo dias por anos, o ilustre estudioso da Bíblia concluiu que o fim do mundo ocorreria 1.260 anos após uma certa data inicial.

Agora, a pergunta crucial tornara-se: qual era esta data inicial? Newton dispunha de várias datas para escolher, todas, de alguma forma, ligadas ao catolicismo, uma religião que ele odiava profundamente. Richard Westfall, autor da biografia definitiva de Newton, salientou que Newton havia identificado o ano 607 como uma data significativa. Nesse ano, o imperador Focas conferiu a Bonifácio III o título de "Papa de todos os cristãos". Este decreto elevava Roma à condição de "*caput omnium ecclesarum*" (cabeça de todas as igrejas) — uma ocasião verdadeiramente notável para marcar o início do fim. Como 607 + 1.260 = 1.867, Newton predisse que o fim do mundo ocorreria no ano 1867. Contudo, hoje sabemos, com absoluta certeza, que o mundo não acabou nessa data.

Newton tinha preparado uma solução alternativa para uma dificuldade como esta. Durante a pesquisa em Jerusalém, o professor canadense também encontrou o ano 800. Esta é uma data relevante na história, pois, no Natal daquele ano, o papa Leão III coroou Carlos Magno na basílica de São Pedro, em Roma. Este foi o início do Sacro Império Romano-Germânico. E 800 + 1.260 = 2.060. Mais cerca de meio século e o mundo que conhecemos chegará ao fim. *Quod erat demonstrandum* [O que devia ser demonstrado].

Caso um ou outro leitor tenha se sentido ligeiramente nauseado ao ler a última frase, pode relaxar. Newton tinha uma outra solução alternativa. De acordo com cálculos adicionais do eminente cientista, o fim do mundo poderia demorar um pouco mais e ocorrer, no máximo, no ano 2370.

3

Acolhedora Zurique

Os professores universitários de Zurique provavelmente não sabem o quanto são afortunados. Qualquer professor visitante, convidado a dar uma série de palestras na Universidade de Zurique, pode atestar que o ambiente reinante nessa cidade é paradisíaco.

Assim que se entra na sala de aula, tem-se a impressão que os anos dourados começaram. Quadros-negros absolutamente limpos brilham antecipando agradáveis momentos, uma caixa de giz cheia de bastões virginais, uma esponja limpa acima da tigela de água (nota: com água fria e água quente) esperam para serem usados, e um grampo, especialmente projetado para este fim, sustenta uma espécie de limpador de pára-brisa para secar o quadro-negro. Ao lado, uma toalha recém-lavada e passada pende de um gancho. É para ser usada após o quadro-negro ser lavado com a esponja e seco com o limpador de pára-brisa, para devolver-lhe o brilho merecido. Dois projetores de transparências estão à disposição, assim como dois conjuntos distintos de marcadores coloridos cuidadosamente alinhados.

Envolto por todo este luxo, o professor não pode deixar de se recordar, com melancolia, das condições em sua distante universidade de origem. Lá, cada um tem de pegar por conta própria os diferentes apetrechos antes de cada aula e, no meio do caminho, um pouco de papel para apagar ou limpar o quadro-negro, pelo menos parcialmente quando se encontrar já muito escrito. Se precisar de um projetor, o professor deve solicitá-lo ao diretor. Com sorte, conseguirá um e, após assinar o recibo em um formulário especial, receberá autorização para carregar o aparelho ao longo de corredores intermináveis, com o fio constantemente se enroscando nas pernas. Terminada a aula, o monstro, que agora parece ter ganhado consideravelmente mais peso, é carregado de volta à sala do diretor.

Em Zurique, caso o professor necessite de um computador equipado com um software específico para demonstrar o funcionamento de uma simulação em tempo real, a aula não tem de ser transferida para uma sala de computadores. Em vez disto, no exato momento, um simpático "técnico da casa", vestido com um elegante macacão, leva um computador — no qual o software necessário foi instalado na noite anterior — até a sala de aula, conecta-o ao projetor e passa o controle remoto ao professor. Mouse e teclado aguardam para serem usados.

Em Zurique, obstáculos aparentemente intransponíveis são superados com facilidade. Uma hora antes da programada projeção de um vídeo, descobre-se que a fita foi gravada no sistema do Comitê Nacional de Sistemas de Televisão (NTSC), que não é de uso corrente na Europa. O desesperado professor corre até a sala dos técnicos da casa, onde um daqueles gnomos de Zurique pacientemente explica que, primeiro de tudo, há duas versões do sistema NTSC; segundo, que, naturalmente, há projetores disponíveis tanto para um como para o outro; e, terceiro, que *os dois* tipos de máquinas serão colocados na sala de aula, por via das dúvidas.

Antes da projeção do vídeo, o técnico da casa dá ao professor um curso intensivo sobre a operação do painel de instrumentos embutido na parede vizinha ao quadro-negro, que, para o leigo, apresenta impressionante semelhança com o painel de controle de um Boeing 747. Todas as luzes, dimmers e interruptores para projetores, aparelhos de vídeo e computadores podem ser controlados desse estratégico posto de comando. Caso, apesar de todos os cuidados, algo não funcionar satisfatoriamente, basta uma rápida chamada para o centro nervoso dos técnicos da casa (telefones encontram-se disponíveis em todos os andares, em todos os corredores). Em questão de minutos, um cavalheiro competente e gentil chega ao local para consertar as coisas.

A disposição dos assentos nas salas de aulas pode, obviamente, ser alterada de acordo com a necessidade. Caso um sociólogo queira demonstrar dinâmica de grupo, cadeiras e mesas podem ser agrupadas. Mas, no intervalo antes da próxima aula, um técnico da casa rapidamente alinha os móveis novamente e, quando tocar o sino, todas as cadeiras estarão em seus lugares apropriados.

Não é necessário dizer que todos os estudantes estão a postos no início de cada aula. Se, por acaso, um aluno envergonhado, murmurando uma desculpa, chega atrasado, o professor é dolorosamente lembrado das realidades na terra de origem. Lá, os alunos atrasados — cerca de um terço dos matriculados no curso (outro terço nem aparece nas aulas) — entram orgulhosamente na sala a qualquer momento, saúdam amigavelmente seus colegas antes de tomarem assento, e não hesitam em ler as notícias importantes no jornal do dia, caso o assunto da aula seja, em sua opinião, muito maçante.

4

Daniel Bernoulli e sua problemática família

Mais de dois séculos se passaram desde a morte de um dos maiores matemáticos da história: Daniel Bernoulli (1700-1782). O nome Bernoulli requer especificação, pois esta família da cidade suíça da Basiléia produziu, no curso de três gerações, nada menos que oito matemáticos excepcionais. Como os mesmos nomes eram sempre usados pela família, um sistema de numeração foi adotado para identificar pais, irmãos, filhos e primos. O sistema se inicia com Jakob I e seu irmão Johann I (por ser artista, o terceiro irmão, Nikolaus, não recebeu um número). Na geração seguinte, aparecem Nikolaus I e os três filhos de Johann — Nikolaus II, Daniel e Johann II. Finalmente, os dois filhos de Johann II, chamados Johann III e Jakob II, seguiram os passos de seus brilhantes ancestrais. (O terceiro filho de Johann, Daniel, não passou de um professor substituto da Universidade da Basiléia. Portanto, ele não recebeu um número, o que explica por que seu famoso tio e homônimo também não recebeu um.)

Junto com Isaac Newton, Gottfried Wilhelm Leibniz, Leonhard Euler e Joseph-Louis Lagrange, a família Bernoulli dominou a matemática e a física nos séculos XVII e XVIII. Os membros da família se interessavam por cálculo diferencial, geometria, mecânica, balística, termodinâmica, hidrodinâmica, óptica, elasticidade, magnetismo, astronomia e teoria da probabilidade. Por mais de 30 anos, o Fundo Nacional Suíço tem financiado projetos para a edição dos trabalhos completos de Jakob I, Johann I e Daniel. A edição completa será composta de 24 volumes. Outros 15 volumes, incluindo uma seleção de suas 8 mil cartas, virão a seguir.

Infelizmente, os cavalheiros da Basiléia eram tão presunçosos e arrogantes quanto brilhantes e sempre se envolviam em rivalidades, ciumeiras e disputas públicas. Entretanto, tudo começou amigavelmente. Jakob I, que havia adquirido conhecimentos em ciências naturais como autodidata e passou a lecionar física experimental na Universidade da Basiléia, secretamente iniciou seu irmão mais novo nos mistérios da matemática. Isto era totalmente contra a vontade de seus pais, que desejavam que o filho mais novo fosse comerciante, já que o mais velho havia se recusado a seguir a carreira de escriturário, como planejaram.

No entanto, a harmonia entre os dois irmãos extremamente talentosos rapidamente se transformou em uma amarga discórdia. O conflito começou quando Jakob I, incomodado com a vaidade de Johann, proclamou em público que os trabalhos de seu antigo pupilo nada mais eram que cópias de seus próprios resultados. A seguir, Jakob I — que havia se tornado professor catedrático de matemática na Universidade da Basiléia — conspirou, com sucesso, contra a contratação de seu irmão pelo departamento. Assim, Johann I teve de lecionar na Universidade de Groningen até ser convidado para ocupar uma cátedra na Basiléia, a de.... grego antigo. Entretanto, o destino deu outro rumo às coisas e quando

Johann se preparava para retornar à sua cidade natal, recebeu a notícia de que Jakob havia morrido. Assim, o irmão não muito tocado pela dor assumiu, afinal, a cátedra de matemática na Universidade da Basiléia. A obra mais importante de Jakob, *Ars Conjectandi* [A arte da conjectura], publicada após sua morte, estabeleceu a base para a teoria da probabilidade.

Contudo, não creia que Johann I aprendeu algo com esta triste história. Ao educar seus filhos, cometeu exatamente os mesmos erros que seu pai. Alardeando que a matemática não poderia prover um meio de vida, Johann tentou forçar o mais brilhante de seus três filhos, Daniel, a seguir uma carreira no comércio. Quando suas tentativas falharam, permitiu que estudasse medicina — tudo para evitar que o filho se tornasse um rival. Mas os filhos seguiram o exemplo de seus parentes mais velhos e Daniel, enquanto estuda-

A família Bernoulli

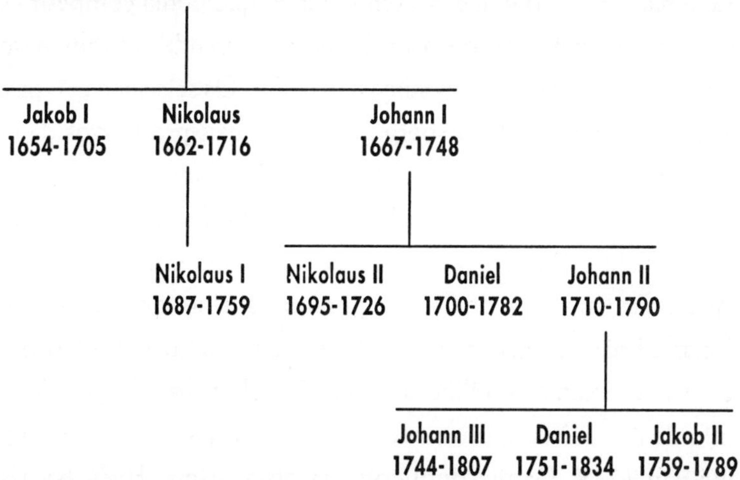

va medicina, tomava aulas de matemática com seu irmão mais velho, Nikolaus II. Em 1720, ele viajou para Veneza, para trabalhar como médico. Entretanto, seu coração pertencia à matemática e à física e, durante sua estadia, adquiriu uma reputação tão grande nestas áreas que Pedro, o Grande, ofereceu a ele uma cátedra na Academia de Ciência, em São Petersburgo.

Em 1725, Daniel viajou para a capital do império russo, junto com o irmão Nikolaus II, a quem também havia sido oferecida uma vaga de professor de matemática na Academia. A convivência dos dois não durou muito. Após cerca de oito meses de sua chegada, Nikolaus II foi contagiado por uma febre e morreu. Daniel, que tinha um senso de família muito mais profundo que seu pai, ficou muito consternado e queria retornar à Basiléia. Mas Johann I não queria ter o filho por perto e enviou um de seus pupilos a São Petersburgo para fazer companhia a Daniel. Esta foi uma coincidência extremamente feliz, pois o pupilo não era outro senão Leonhard Euler, o único contemporâneo que podia competir com os Bernoulli em talento matemático. Uma grande amizade nasceu entre os dois matemáticos suíços no exílio. Os seis anos que passaram juntos em São Petersburgo foram os mais produtivos da vida de Daniel.

Após retornar para a Basiléia, as disputas familiares recomeçaram. Quando Daniel recebeu, juntamente com o pai, o prêmio da Academia Parisiense de Ciência por um trabalho sobre astronomia, Johann I não se portou propriamente como um pai orgulhoso. Ao contrário, expulsou o filho de casa. Daniel ganharia o grande prêmio da Academia outras nove vezes. Mas o pior ainda estava por vir: em 1738, Daniel publicou sua obra-prima, *Hydrodynamica*.

Johann I leu o livro, apressadamente escreveu outro, com o título *Hydraulica*, datou-o de 1732 e proclamou ser o inventor da dinâmica de fluidos. O plágio foi logo descoberto e Johann, ridicularizado pelos colegas. Contudo, seu filho jamais se recuperou do golpe.

II

CONJECTURAS NÃO PROVADAS

5

O PRÊMIO DE UM MILHÃO DE DÓLARES DOS MATEMÁTICOS

Henri Poincaré (1854-1912) foi um dos mais eminentes matemáticos franceses dos últimos dois séculos. Juntamente com seu contemporâneo alemão, David Hilbert, Poincaré foi um dos últimos matemáticos que não apenas tinha profundo entendimento de todas as áreas da matemática, mas também era ativo em todas elas. Após Hilbert e Poincaré, a matemática se tornou tão vasta que ninguém pode esperar dominar mais que uma ínfima parte.

Um dos problemas mais conhecidos propostos por Poincaré é o atualmente chamado de conjectura de Poincaré. Este problema tem confundido e desafiado várias gerações de matemáticos. Na primavera de 2002, Michael Dunwoody, da Universidade de Southampton, na Inglaterra, acreditou — embora somente por algumas semanas — ter finalmente encontrado a prova desta conjectura.

A conjectura de Poincaré é considerada tão importante que o Instituto Clay de Matemática designou-a um dos sete problemas a constar do Prêmio do Milênio. Cada pessoa que for a primeira a solucionar um dos problemas receberá um milhão de dólares. O comitê do concurso imaginou que levaria décadas para que os primeiros prêmios fossem concedidos. Entretanto, apenas dois anos após a divulgação, a Fundação Clay parecia estar diante da possibilidade de entregar o primeiro prêmio. Contudo, surgiram dúvidas a respeito da validade da prova fornecida por Dunwoody e, como resultou, eram amplamente fundadas.

A conjectura de Poincaré enquadra-se no contexto de topologia. Este ramo da matemática foca, grosseiramente falando, a questão de se um corpo pode ser deformado em outro, ou não, através de esticamento, encolhimento ou rotação, sem ser cortado ou ter partes coladas. Uma bola, um ovo e um vaso de flores são, topologicamente falando, corpos equivalentes, pois qualquer um pode ser deformado em qualquer outro sem recorrer a alguma das ações "ilegais". Uma bola e uma xícara de café, por outro lado, não são equivalentes, uma vez que a xícara tem uma asa, a qual não pode ser formada a partir da bola sem que nesta seja feito um furo. A bola, o ovo e o vaso de flores são classificados como corpos "simplesmente conexos", ao contrário da xícara, uma rosca ou um *pretzel**. Poincaré tentou investigar tais questões através da álgebra, em vez da geometria, tornando-se, assim, o iniciador da "topologia algébrica".

Em 1904, ele indagou se todos os corpos que não têm asa são equivalentes a esferas. Em duas dimensões, esta pergunta se refere às superfícies de ovos, xícaras de café e vasos de flores e a resposta é *sim*. (Superfícies como a pele de couro de uma bola de futebol ou a casca de uma rosca são objetos bidimensionais flutuando no

---

* Tipo de rosca salgada muito popular nos Estados Unidos, em forma de laço. (N.T.)

espaço tridimensional.) No caso de superfícies de três dimensões no espaço de quatro dimensões, a resposta não é clara. Embora Poincaré estivesse inclinado a acreditar que a resposta era *sim*, não foi capaz de fornecer uma prova.

Não deixa de ser interessante que, ao longo de várias décadas, matemáticos tenham provado a equivalência de que trata a conjectura de Poincaré para todos os corpos de dimensão maior que quatro. Isto porque espaços com maior número de dimensões provêm mais liberdade, de modo que os matemáticos têm mais facilidade em provar a conjectura de Poincaré. Em 1961, a corrida foi iniciada por Christopher Zeeman, da Universidade de Cambridge, que provou a conjectura de Poincaré para corpos de cinco dimensões. Nesse mesmo ano, Stephen Smale, da Universidade de Berkeley, anunciou a prova para corpos de sete dimensões e de todas as dimensões superiores. Um ano mais tarde, John Stallings, também de Berkeley, demonstrou que a conjectura era correta para corpos de seis dimensões. Finalmente, em 1982, Michael Freedman, da Universidade de San Diego, forneceu a prova para corpos de quatro dimensões. Faltava, apenas, a prova para corpos de três dimensões flutuando no espaço de quatro dimensões. Isto se revela ainda mais frustrante, pois o espaço de quatro dimensões representa o contínuo espaço-tempo no qual vivemos.

Michael Dunwoody pensou ter encontrado uma prova. No dia 7 de abril de 2002, ele postou na internet a pré-impressão de um artigo intitulado *"Proof for the Poincaré Conjecture"* [Prova para a conjectura de Poincaré]. Matemáticos respeitáveis viram no trabalho a primeira séria tentativa, em muito tempo, para solucionar a conjectura de Poincaré. Na verdade, em dimensões elevadas, não é tão fácil reconhecer uma esfera quando se depara com uma, apesar de toda a liberdade adicional. Para entender a dificuldade, basta lembrar que antigamente os piratas e exploradores não tinham noção de que o mundo era redondo, apesar de todas as expedições e viagens de descobertas. Dunwoody baseou seu trabalho em um anterior realizado por Hyam Rubinstein, um matemático australiano que estudou as superfícies de esferas de quatro dimensões. (Lembre-se: a superfície de um objeto de quatro dimensões é um objeto de três dimensões.)

Dunwoody não gastou mais que cinco páginas para desenvolver seu raciocínio, que era concluído com a afirmação de que todas as superfícies tridimensionais, fechadas e simplesmente conexas podem ser convertidas na superfície de uma esfera através de estiramento, amassamento e esmagamento, sem cortes. Esta afirmação era equivalente à prova da conjectura de Poincaré.

No entanto, poucas semanas após a divulgação de seu trabalho na internet, Dunwoody foi forçado a acrescentar um ponto de interrogação ao título. Um colega havia descoberto uma falha na demonstração. Agora, o título era *"Proof for the Poincaré Conjecture?"* Imediatamente, Dunwoody se pôs a tentar corrigir a falha, sem sucesso. Os colegas e amigos que também tentaram igualmente não obtiveram sucesso. Algumas semanas mais tarde, o artigo desapareceu da internet. A conjectura de Poincaré permanecia tão elusiva como sempre. (Contudo, veja o capítulo 13.)

6

Um enigma, qualquer que seja o nome

Um dia, em meados dos anos 1980, Jeff Lagarias, matemático que trabalhava na AT&T*, deu uma palestra sobre um problema com que havia gasto um tempo considerável, mas para o qual não havia encontrado solução. Na verdade, nem tinha chegado perto. Tratava-se de um problema perigoso, ele prosseguiu, obviamente falando por experiência própria, pois aqueles que se dedicavam a resolvê-lo arriscavam sua saúde mental e física.

Que problema tão perigoso era esse?

Em 1932, Lothar Collatz, estudante de matemática alemão, de 20 anos, deparou-se com um enigma que, à primeira vista, parecia nada mais que um cálculo simples. Escolha um número inteiro positivo x. Se for um número par, divida-o por dois $(x/2)$; se for ímpar, multiplique-o por 3, some 1 e divida-o por dois: $(3x + 1)/2$. Então, usando o resultado, comece novamente. Interrompa o cálculo quando obtiver o número 1; caso contrário, continue.

Collatz observou que, iniciando com qualquer número inteiro positivo, repetidas iterações deste procedimento levavam, mais cedo ou mais tarde, ao número 1. Escolha, por exemplo, o número

---

* Operadora de telecomunicações dos Estados Unidos. (N.T.)

13. A seqüência resultante consiste dos números 20, 10, 5, 8, 4, 2 e 1. Escolha 25. Você calculará 38, 19, 29, 44, 22, 11, 17, 26, 13, 20, 10, 5, 8, 4, 2 e 1 novamente. Independentemente do número inicial que Collatz testasse, ele sempre terminava com o número 1.

O jovem estudante foi tomado de grande surpresa. A seqüência de números poderia facilmente disparar em direção ao infinito ou entrar em um ciclo interminável (que não continha 1). Ao menos, isto deveria ocorrer algumas vezes. Mas, *não*, a seqüência sempre terminava em 1, invariavelmente. Collatz suspeitava que poderia ter descoberto uma nova lei da teoria dos números. Sem mais delongas, ele se pôs a buscar uma prova para sua conjectura. Entretanto, seus esforços foram em vão. Ele não conseguiu prová-la e, tampouco, encontrou um contra-exemplo, ou seja, uma seqüência de números que *não* terminasse em 1. (Na matemática, basta encontrar um contra-exemplo para negar uma hipótese.) Ao longo de toda a sua vida, Collatz foi incapaz de publicar qualquer coisa de valor sobre esta conjectura.

Algum tempo mais tarde, durante a Segunda Guerra Mundial, o problema despertou o interesse de Stanislaw Ulam, matemático polonês que ocupava um cargo alto no Projeto Manhattan*. Para gastar seu tempo livre (em Los Alamos, onde trabalhava, não havia muito o que fazer à noite), Ulam investigou a conjectura, mas não conseguiu prová-la. Não obstante, ele a descreveu para seus amigos, que passaram, então, a chamá-la de problema de Ulam.

---

* Programa de pesquisa dos Estados Unidos, em cooperação com o Reino Unido e Canadá, que resultou na construção da primeira bomba atômica, durante a Segunda Guerra Mundial. (N.T.)

Alguns anos mais se passaram e Helmut Hasse, especialista em teoria dos números da Universidade de Hamburgo, se defrontou com este intricado enigma. Fisgado pela curiosidade, deu palestras sobre o problema na Alemanha e no exterior. Um atento membro da platéia observou que a seqüência de números subia e descia como uma pedra de granizo* em uma nuvem antes de, invariavelmente, despencar para a terra. Hora de uma mudança de nome — a seqüência de números passou, então, a ser chamada de seqüência Hailstone, e a rotina para calculá-la, de algoritmo Hasse. Quando Hasse mencionou o problema durante uma de suas palestras na Universidade de Syracuse, a platéia daquele evento passou a chamá-lo de problema de Syracuse.

Na época, o matemático japonês Shizuo Kakutani palestrava sobre o tema na Universidade Yale e na Universidade de Chicago e o problema se tornou imediatamente conhecido como problema de Kakutani. As palestras de Kakutani motivaram esforços, tão febris quanto infrutíferos, de professores, assistentes e estudantes. A prova fugia à compreensão de todos. Logo após, surgiu um rumor insinuando que o problema era, na verdade, um plano japonês que pretendia frear o progresso dos matemáticos americanos.

Em 1980, Collatz, cuja contribuição inicial tinha sido praticamente esquecida, lembrou ao público que ele havia descoberto a seqüência. Em uma correspondência com um colega, escreveu: "Muito obrigado por sua carta e seu interesse na função por mim investigada cerca de cinqüenta anos atrás." Ele prosseguiu, explicando que, naquela época, dispunha somente de uma calculadora

* Em inglês, *hailstone*. (N.T.)

de mesa e que, portanto, tinha sido incapaz de calcular a seqüência Hailstone para números grandes. Em um pós-escrito, ele acrescentou: "Se isto não é muito imodesto, eu gostaria de mencionar que, em suas palestras, o professor H. Hasse se referiu ao enigma como o 'problema de Collatz'."

Em 1985, Sir Bryan Thwaites, de Milnthorpe, na Inglaterra, publicou um artigo que deixou pouca dúvida sobre quem ele pensava ser o autor da conjectura. O artigo foi intitulado "*My Conjecture*" [Minha conjectura]. Thwaites foi além e reivindicou a criação do problema três décadas antes. Em um anúncio separado no jornal *London Times*, ele ofereceu um prêmio de mil libras a quem fosse capaz de apresentar uma prova rigorosa para o que ele, então, chamou de conjectura de Thwaites.

Em 1990, Lothar Collatz, que havia obtido reconhecimento como pioneiro na área de matemática numérica, morreu logo após completar 80 anos. Ele jamais tomou conhecimento se a conjectura, que — ele ficaria feliz em saber — agora era usualmente chamada de conjectura de Collatz, era verdadeira ou falsa.

Enquanto isto, a matemática havia descoberto uma nova ferramenta: o computador. Hoje em dia, praticamente qualquer pessoa pode provar em seu PC que a conjectura de Collatz é verdadeira para os primeiros milhares de números. Na verdade, com a ajuda de supercomputadores, todos os números até 27 quatrilhões (ou seja, 27 seguido de 15 zeros) foram testados. Não foi encontrado qualquer número cuja seqüência Hailstone não terminasse em 1.

É óbvio que tais cálculos numéricos não representam uma prova. Tudo que alcançaram foi a descoberta de diversos recordes históricos, um dos quais foi a descoberta da mais longa seqüência

Hailstone até o presente: um certo número de 15 dígitos, cuja seqüência Hailstone consiste de nada menos que 1.820 números antes de chegar à posição final de 1. Algo que Jeff Lagarias conseguiu provar com suas tentativas frustradas foi que um contra-exemplo — caso existisse — deveria ter um ciclo consistindo de, pelo menos, 275.000 pontos.

Desta forma, um computador é de pouca ajuda na busca de um contra-exemplo para a conjectura de Collatz. Em uma análise final, a questão não pode, de qualquer modo, ser decidida por um computador, pois somente números que satisfazem a conjectura de Collatz, ou seja, aqueles cujas seqüências Hailstone chegam até 1, induzirão o programa de computador a parar. Se, de fato, existisse um contra-exemplo — seja porque sua seqüência Hailstone tende a infinito ou porque ela entra em um ciclo muito longo que não contém 1 — o programa de computador continuamente produziria números, sem jamais terminar. Um matemático sentado à frente do monitor do computador não teria como saber se a seqüência escapou em direção ao infinito ou se iniciou um ciclo. Em algum momento, provavelmente, ele apertaria a tecla ESC e iria para casa.

7

Gêmeos, primos e primos sexy

Uma palestra científica no Instituto de Pesquisas em Matemática, em Oberwolfach, Alemanha, não é um evento incomum. Não obstante, a palestra dada, na primavera de 2003, pelo matemático americano Dan Goldston, da Universidade Estadual de San Jose, na Califórnia, teve um caráter completamente distinto. O conteúdo surpreendeu a comunidade matemática. Goldston e o colega turco Cem Yildirim pareciam ter avançado um passo significativo na tentativa de provar a chamada conjectura dos primos gêmeos. O que estes números excêntricos têm que tanto excita os matemáticos?

No grupo dos números inteiros, números primos têm, de certa forma, um papel de átomos, pois todos os inteiros podem ser expressos como um produto de números primos (por exemplo, 12 = 2 x 2 x 3), assim como moléculas são constituídas de átomos individuais. A teoria de números primos segue envolta por um manto de mistério e ainda guarda muitos segredos. Aqui está um exemplo: em 1742, Christian Goldbach e Leonhard Euler formularam a não provada conjectura de Goldbach, segundo a qual todo inteiro maior que 2 pode ser expresso como a soma de dois números primos (por exemplo, 20 = 3 + 17).

Enquanto a tabela periódica da química contém somente 10 dúzias de elementos, que compõem todos os materiais, os dois matemáticos da Grécia Antiga Euclides e Eratóstenes já sabiam que existia um número infinito de primos. A questão mais importante é: como os números primos se distribuem no grupo dos inteiros? Entre os primeiros 100 inteiros, há 25 números primos; entre 1.001 e 1.100, há apenas 16; e entre 100.001 e 100.100, meramente seis. Números primos se tornam cada vez mais dispersos. Em outras palavras, a distância média entre dois números primos se torna cada vez maior (daí, a frase "são poucos e distantes").

Por volta do fim do século XIX, o francês Adrien-Marie Legendre e o alemão Carl Friedrich Gauss estudaram a distribuição dos primos. Com base nas investigações, supuseram que a distância entre um primo P e o seguinte primo maior* seria, em média, igual ao logaritmo natural de P.

Entretanto, este resultado é válido somente como uma média. Às vezes, as distâncias são muito maiores, às vezes, muito menores. Há, ainda, intervalos arbitrariamente longos nos quais nenhum primo ocorre. Por outro lado, a menor distância é dois, pois há, pelo menos, um número par entre dois números primos quaisquer. Números primos separados por uma distância igual a dois — por exemplo, 11 e 13, 197 e 199 — são chamados de primos gêmeos. Há, também, primos primos, que são números primos separados por quatro números não primos.** Dois números primos que

* Usualmente, essa distância é referida como buraco. Ou seja, se P_n é o enésimo número primo, o enésimo buraco do conjunto dos números primos é a diferença entre P_{n+1} e P_n. (N.T.)

** Esta denominação, primos primos, não é, usualmente, aplicada em português. (N.T.)

sejam separados por seis números não primos são chamados, como você poderia imaginar, de primos sexy*.

Sabe-se menos sobre primos gêmeos que sobre números primos comuns. Entretanto, sabe-se que são razoavelmente raros. Entre o primeiro milhão de inteiros, há somente 8.169 pares de primos gêmeos. O maior primo gêmeo descoberto até hoje tem mais de 50.000 dígitos. Contudo, muito ainda é desconhecido. Ninguém sabe, por exemplo, se existe um número infinito de pares de primos gêmeos ou se, após um particular par de primos gêmeos, não há outros. Os matemáticos acreditam que a primeira hipótese é verdadeira e Goldston e Yildirim propuseram-se a prová-la.

Eles afirmaram que há um número infinito de buracos entre primos consecutivos que são muito, muito menores que o logaritmo de P, mesmo que P tenda ao infinito. Os dois matemáticos mal tiveram tempo de comemorar a descoberta. Logo após sua divulgação, foram chamados à realidade. Dois colegas decidiram refazer a prova, passo a passo. Ao longo deste árduo trabalho, notaram que Goldston e Yildirim haviam desprezado um termo de erro, embora este fosse muito grande. Isto era inaceitável e invalidava toda a prova.

Dois anos mais tarde, com a ajuda do famoso Janos Pintz, da Hungria, Goldston e Yildirim revisaram o trabalho e conseguiram corrigir a falha. Atualmente, a prova é aceita como correta. Embora o trabalho de Goldston e Yildirim não prove que há um número

* Esta outra denominação, definitivamente, não é aplicada em português. Ao que parece, o autor quis fazer um trocadilho com o número seis (*six*, em inglês). (N.T.)

infinito de pares de primos gêmeos, certamente representa um passo na direção certa.

Trabalhar na teoria de primos gêmeos pode ser mais que um simples exercício intelectual, como Thomas Nicely, da Virgínia, descobriu na década de 1990. Quando buscava grandes pares de primos gêmeos, ele passou por todos os inteiros até 4 quatrilhões. O algoritmo exigia o cálculo da banal expressão x vezes (1/x). Mas, para sua surpresa, quando inseria certos números nesta fórmula, o resultado não era o valor 1 e, sim, um outro incorreto. No dia 30 de outubro de 1994, Nicely enviou uma mensagem de correio eletrônico a colegas, para informá-los que o computador consistentemente produzia resultados errados ao calcular a expressão anterior com números entre 824.633.702.418 e 824.633.702.449. Através da pesquisa com primos gêmeos, Nicely deparou-se com o notório bug do processador Pentium. Este erro custou à Intel, o fabricante, 500 milhões de dólares em indenizações — um primo exemplo (sem trocadilho) mostrando que matemáticos nunca sabem onde suas pesquisas, e erros, os levarão.

8

O elusivo 16º problema de Hilbert

Por sua natureza, provas matemáticas são, em geral, muito complexas e árduos esforços são exigidos dos especialistas para averiguar se são realmente corretas. Um exemplo é o que aconteceu no dia 28 de março de 2003, quando Dan Golston e Cem Yildirim, matemáticos americano e turco, respectivamente, acreditaram ter dado um passo significativo para a solução da chamada conjectura dos números primos gêmeos. Algumas semanas mais tarde, no dia 23 de abril, a comemoração transformou-se em decepção quando colegas anunciaram ter encontrado uma falha na demonstração. Um ano antes, o inglês M.J. Dunwoody havia apresentado uma prova para a conjectura de Poincaré. Novamente, não mais de algumas semanas se passaram até que mostraram que a prova estava incompleta. Um terceiro exemplo é o da prova do teorema de Fermat apresentada por Andrew Wiles. Durante o processo de revisão do trabalho para publicação, foi descoberto que a prova estava incompleta. Neste caso, o erro era reparável, mas sua correção exigiu um ano e meio e a ajuda de um colega.

Problemas antigos e não resolvidos, especialmente aqueles associados a nomes de matemáticos famosos, exercem imenso fascínio. A solução de problemas que ocuparam especialistas de séculos passados tem seu próprio atrativo. Os 23 problemas que David Hilbert, o famoso matemático de Göttingen, listou em 1900, e que vieram a determinar o rumo da pesquisa matemática na maior parte do século seguinte, são envoltos no mesmo manto de mistério. Até hoje, foram encontradas soluções para 20 dos problemas, mas os de número 6 (a axiomatização das teorias da física), 8 (a hipótese de Reeman) e 16 continuam a desafiar o mundo matemático.

Os problemas de números 8 e 16 são, na verdade, considerados de tal importância que o matemático Steve Smale listou-os entre os mais importantes problemas matemáticos para o século XXI. Entretanto, em muitos casos, o fascínio é acompanhado de perto pelo perigo. Problemas famosos também exercem sua magia em pessoas que não possuem os predicados necessários para tratálos do modo apropriado. Assim como apaixonar-se pela pessoa errada, uma vez que alguém é fisgado, o perigo de decepção com a própria habilidade é grande.

Portanto, cautela se fez necessária em novembro de 2003, quando surgiram notícias informando que uma estudante sueca de 22 anos, Elin Oxenhielm, havia resolvido parte do 16º problema de Hilbert. O trabalho foi analisado por revisores da revista *Nonlinear Analysis* e aceito para publicação. Elin Oxenhielm, imensamente orgulhosa de ver que seu primeiro trabalho era um verdadeiro sucesso, logo avisou a imprensa. Embora seus professores tivessem recomendado que fosse cautelosa, ela foi adiante e passou a dar entrevistas, anunciou planos para um livro e ainda considerou fazer um filme sobre o 16º problema de Hilbert. Uma brilhante carreira parecia garantida, cargos em instituições de prestígio seriam oferecidos e um fluxo contínuo de financiamento para pesquisa seria certo.

O 16º problema de Hilbert trata de sistemas dinâmicos bidimensionais. A solução de tais sistemas pode ser reduzida a pontos ou terminar em ciclos. Hilbert investigava equações diferenciais que descrevem este tipo de sistemas dinâmicos, cujo lado direito era constituído de polinômios.[2] Ele quis saber como o número de ciclos dependia do grau do polinômio. Uma resposta poderia ser de particular interesse para sistemas complexos ou caóticos.

No início de seu artigo de oito páginas, Oxenhielm observa que, em simulações, uma certa equação diferencial se comporta como uma função senoidal trigonométrica. A seguir, faz uma aproximação da equação, sem qualquer estimativa da magnitude dos termos desprezados. Após reescrever a equação algumas vezes, faz uma outra aproximação, que justifica apenas com exemplos numéricos e simulações em computador. Finalmente, em uma afirmação não provada, Oxenhielm diz que os resultados não são mascarados pelas aproximações. Tal descuido no uso das regras matemáticas do jogo torna o trabalho completa e absolutamente inútil.

As notas de imprensa que Oxenhielm havia divulgado não apenas informaram o público de seu feito, mas também alertaram o círculo profissional. Um exaltado especialista escreveu uma carta indignada à revista *Nonlinear Analysis* com o pedido urgente de que a publicação do artigo fosse cancelada. A professora orientadora de Elin Oxenhielm na universidade, que havia lido e criticado as

---

2 Um polinômio é uma expressão da forma $x^4 + 5x^3 + 7x^2 + 2x$. O grau deste polinômio é 4.

conclusões do trabalho, solicitou aos editores da revista que retirassem seu nome da lista de agradecimentos de Oxenhielm. Ela não queria ter seu nome associado, de alguma forma, com o artigo. Para acrescentar deboche às críticas, uma universidade tecnológica deu aos calouros, como dever de casa, a tarefa de listar as falhas do artigo de Oxenhielm.

A avalanche de críticas teve efeito. No dia 4 de dezembro de 2003, os editores de *Nonlinear Analysis* anunciaram ter adiado a publicação do trabalho de Oxenhielm, que ficava dependendo de revisão adicional. Logo depois, o artigo foi retirado de publicação.

Como as coisas puderam ir tão longe? Certamente, não é incomum que cientistas inexperientes submetam, para publicação em revistas, artigos que contêm erros ou falhas. Em geral, o processo de revisão das revistas assegura que erros sejam identificados e que trabalhos de baixa qualidade não sejam publicados. Por isto, as revistas bem-conceituadas chegam a rejeitar 90% ou mais dos artigos submetidos para publicação. Entretanto, neste caso particular, o processo de revisão falhou completamente. Um especialista disse, em uma entrevista, acreditar que os revisores da revista, cujas identidades são, usualmente, mantidas em segredo, eram engenheiros, para quem as aproximações são prática comum, desde que não causem problemas. Mas agir desta forma no campo da matemática era inaceitável.

Além disso, o fato de a jovem estudante ter procurado a imprensa era imperdoável. É parte da vida dos matemáticos passar a maior parte do tempo sozinhos em pequenas salas, trabalhando em problemas seculares. Apenas em raras ocasiões o público é informado de um sucesso. Trabalhar nestas circunstâncias, longe do burburinho do mundo exterior, assegura um certo nível de qualidade. Como provas matemáticas somente são consideradas corretas após passarem pelo teste do tempo, alarde na imprensa é prejudicial à cuidadosa e prolongada análise de uma prova. Buscar este tipo de exposição pública é, para dizer o mínimo, inapropriado.

Geralmente, a única satisfação que um matemático espera de uma prova bem-sucedida é o reconhecimento dos colegas da área. Pode não haver mais que uma dúzia de especialistas, espalhados pelos cantos mais distantes do mundo. O recebimento de suas mensagens eletrônicas de aprovação representa, freqüentemente, o ápice de aprovação. Nas raras ocasiões em que surgem importantes aplicações para um teorema matemático, este torna-se de conhecimento público apenas décadas mais tarde. Portanto, é compreensível que jovens pesquisadores, frustrados pela perspectiva de uma vida no anonimato, procurem a atenção do público. No entanto, a maioria dos matemáticos evita a publicidade. O contacto ávido com a mídia está associado a uma imagem da qual os protagonistas se esquivam. O modo sutil de pensar, as considerações minuciosas e a argumentação rigorosa dos matemáticos não se prestam à informação de entretenimento. De toda forma, a matemática é uma ciência que prima pela discrição.

III

Problemas solucionados

9

O PROBLEMA DA EFICIÊNCIA DO LADRILHEIRO

A cada mês, são publicados cerca de 4.000 artigos, escritos por pesquisadores espalhados por todo o mundo, em inúmeras revistas científicas. Em janeiro de 2002, a Associação Matemática Americana (AMA) decidiu destacar um trabalho escrito pelo matemático americano Thomas Hale, dada a sua significância.

Ao menos uma vez, um tema matemático estritamente teórico talvez pudesse interessar aos comerciantes. Ladrilheiros que cobrem chãos de banheiros, cozinhas e varandas com ladrilhos de todas as formas e formatos podem achar o trabalho útil. Talvez algum deles tivesse especulado sobre qual formato de ladrilho tem o menor perímetro e cobre a mesma área que outros. Este é, exatamente, o tema do artigo selecionado como extraordinário pela AMA por sua relevância matemática e, por que não dizer, prática.

Um ladrilheiro pode tomar ladrilhos triangulares, quadrados, pentagonais, hexagonais, heptagonais e octogonais (todos com a mesma área), medir seus perímetros e verificar qual tem a menor circunferência. Até aí, tudo bem. Entretanto, ainda é muito cedo para começar a misturar a massa. Caso o ladrilheiro tentasse cobrir o chão da cozinha com ladrilhos pentagonais, logo descobriria que surgiriam vãos entre eles. Pentágonos não são úteis para cobrir pisos, pois, quando alinhados a seus vizinhos, não se encaixam perfeitamente. O mesmo acontece com heptágonos, octógonos e a maioria do outros polígonos regulares — em nenhum desses casos o chão da cozinha seria completamente coberto, sem qualquer vão entre os ladrilhos.

Os antigos pitagoristas conheciam bem este fato geométrico. Eles sabiam que, dentre todos os polígonos regulares, somente triângulos, quadrados e hexágonos poderiam cobrir uma superfície sem deixar qualquer vão entre eles. Qualquer outro polígono regular deixa vão, invariavelmente.

Portanto, as opções dos ladrilheiros são muito limitadas. Tudo o que ele pode fazer é determinar qual dos três formatos permitidos tem o menor perímetro. Considere uma superfície de 100 centímetros quadrados: os ladrilhos triangulares têm perímetro de 45 centímetros, os quadrados têm perímetro de 40 centímetros e os hexagonais, com apenas 37 centímetros, têm o menor perímetro. Papus de Alexandria (aproximadamente, 290-350 d.C.) já sabia que hexágonos eram os mais eficientes polígonos regulares. Assim como as abelhas, que querem armazenar o maior volume de mel usando a menor quantidade de cera possível. Por isto constroem favos de forma hexagonal.

O motivo pelo qual hexágonos têm o menor perímetro é serem, dentre os três formatos permissíveis, os mais próximos de um círculo. E, dentre todas as formas geométricas, o círculo é a que tem o menor perímetro. Para circundar uma superfície de 100 centímetros quadrados, o círculo requer um perímetro de apenas 35 centímetros.

Será que agora podemos dizer que o problema está resolvido? De jeito algum. Quem disse que o piso deve ser de ladrilhos de um único formato? E por que os formatos devem ser regulares ou ter lados retos? Na verdade, nem é necessário que os ladrilhos sejam convexos; imagine ladrilhos arqueados para dentro ou para fora. Ou seja, pisos podem, perfeitamente, ser cobertos com ladrilhos de formatos variáveis que, por assim dizer, realçariam seu apelo estético, como M.C. Escher mostrou magistralmente em suas gravuras.*

A principal pergunta que os matemáticos se faziam era: que ladrilho, considerando toda a variedade de formas e formatos imagináveis, tem o menor perímetro? Por 1.700 anos, a resposta aceita era o de formato hexagonal. Tudo o que faltava era uma prova.

Hugo Steinhaus (1887-1972), um matemático polonês da Galícia, foi o primeiro a obter avanços significativos. Considerando ladrilhos de apenas uma forma, ele provou que hexágonos representavam a solução de menor perímetro para cobrir um chão. Isto era um progresso, pois, ao contrário de Papus, Steinhaus também incluiu ladrilhos de formas irregulares. Em 1943, o matemático húngaro László Fejes Tóth (1915-2005) deu um passo adiante. Ele provou que, dentre todos os polígonos convexos, o hexágono tinha o menor perímetro. Em oposição a Steinhaus, Fejes Tóth não exigiu que o chão fosse coberto com ladrilhos de apenas um for-

---

* Maurits Cornelis Escher (1898-1972), brilhante e inovador artista gráfico holandês, tornou-se conhecido por suas gravuras, meias-tintas e litografias de inspiração matemática que, muitas vezes, representavam estruturas tridimensionais impossíveis. Veja *website* oficial da *M.C. Escher Foundation* e *The M.C. Escher Company B.V.* : http://www.mcescher.com/ (N.T.)

mato, mas permitiu o uso de conjuntos de ladrilhos de formatos diferentes. No entanto, este teorema ignorou ladrilhos que não tinham lados retos.

Uma prova completamente geral foi apresentada, em 1998, por Thomas Hales. Apenas algumas semanas antes, ele tinha solucionado a conjectura de Kepler, que persistia sem prova havia 400 anos. Esse problema consistia em determinar o modo mais compacto de empilhar esferas de mesmo raio. Hales provou que o modo mais compacto era o mesmo usado por feirantes para empilhar laranjas: acomodá-las em camadas, de modo que cada esfera fosse acomodada na reentrância entre três esferas da camada inferior. A prova de Hale foi manchete no mundo inteiro. No entanto, o jovem professor não desperdiçou tempo banhando-se na glória.

No dia 10 de agosto de 1998, o físico irlandês Denis Weaire, do Trinity College, em Dublin, leu a notícia nos jornais. Sem perder tempo, ele enviou uma mensagem eletrônica a Hales, na qual mencionou o problema dos favos de mel e propôs um desafio: "Parece merecer uma tentativa."

Fascinado, Hales começou a trabalhar. Para provar a conjectura de Kepler, ele gastou cinco anos e, literalmente, queimou os fusíveis dos computadores. Em comparação, o novo problema era uma diversão. Ele precisou apenas de lápis, papel e meio ano de trabalho.

Hales iniciou o trabalho dividindo a superfície infinitamente grande do chão em configurações de dimensões finitas. A seguir, desenvolveu uma fórmula que relacionava a área de um ladrilho com seu perímetro. Na seqüência, concentrou a atenção nas formas convexas. A cada ladrilho convexo (arqueado para fora), deveriam corresponder ladrilhos arqueados para dentro. Com a ajuda da fórmula área-perímetro, Hales foi capaz de mostrar que ladrilhos arqueados para dentro exigiam mais perímetro que o economizado com ladrilhos arqueados para fora. De modo geral, isto significava que poliedros de lados arredondados eram desvantajosos. Foram, portanto, eliminados da lista de candidatos ao título de ladrilho de menor perímetro.

Como apenas ladrilhos de lados retos permaneciam candidatos, o resto era claro. Afinal, Fejes Tóth já tinha provado que hexágonos regulares representavam a melhor combinação de ladrilhos dentre todos os polígonos de lados retos. Hales forneceu, então, a prova conclusiva de que as abelhas estão absolutamente certas ao construir favos hexagonais.

10

O PROBLEMA DO RABINO CATALÃO

Usualmente, problemas da teoria dos números podem ser enunciados de forma muito simples. Mesmo uma criança pequena pode saber que 9 menos 8 é igual a 1. A maioria dos alunos da escola primária aprende que $9 = 3 \times 3$ e que $8 = 2 \times 2 \times 2$. Finalmente, a maioria dos alunos do ensino médio sabe que 9 é igual a 3^2 e que 8 é igual a 2^3. Isto nos dá um outro modo de escrever a equação $9 - 8 = 1$, ou seja, $3^2 - 2^3 = 1$. Será possível formular problemas com uma equação tão simples e inocente? Na verdade, a resposta é um evidente *sim*. Por mais inacreditável que seja, esta equação de aparência inocente tem sido a fonte de perplexidade há um século e meio.

Em 1844, a revista matemática *Crelle's Journal* publicou uma questão do matemático belga Eugène Charles Catalan. Ele perguntava se, além dos números 2 e 3, existiriam inteiros x, y, u e v, todos maiores que 1, que fossem solução da equação $x^u - y^v = 1$ (assim como 2 e 3 são solução da equação $3^2 - 2^3 = 1$). Catalan sugeriu que não havia nenhum, mas não tinha como provar.

Embora esta conjectura pareça enganosamente simples, sua solução é extremamente complexa. Que u e v deveriam ser números primários, foi descoberto rapidamente; no entanto, não houve qualquer progresso na solução durante 158 anos. Somente na primavera de 2002 algo aconteceu. O matemático Preda Mihailescu, da Universidade de Paderborn, na Alemanha, encontrou a chave para esta conjectura.

Como ele conseguiu? Para este matemático romeno, tudo começou na Suíça, no respeitável Eidgenössische Technische Hochschule [Instituto Federal de Tecnologia], em Zurique. Foi nesta renomada instituição que Mihailescu adquiriu as necessárias ferramentas matemáticas para suas descobertas posteriores. Um pouco antes de colocar o ponto final em sua tese de doutorado, decidiu transferir-se da universidade para a indústria. Entretanto, retornaria para a universidade mais tarde, quando iniciou uma segunda tese de doutorado. O tema era números primos e Mihailescu completou, de fato, essa tese. Contudo, foi durante o período em que trabalhou para uma firma de alta tecnologia como especialista em impressões digitais que Mihailescu deparou-se com a chamada conjectura de Catalan pela primeira vez.

No início do século XIV, mais de 500 anos antes de Catalan formular sua conjectura na *Crelle's Journal*, Levi Ben Gerson, um estudioso judeu conhecido como Leão Hebreu — que, por todas as coincidências, vivia na Catalunha — formulou uma variante desse problema. O rabino provou que 8 e 9 são as únicas potências de 2 e de 3 que diferem de 1. Quatro séculos mais tarde, Leonhard Euler demonstrou que a conjectura era verdadeira para todas as potências: os números u e v da fórmula eram limitados aos inteiros 2 e 3. Nada mais aconteceu até 1976, ano em que foi dado o próximo passo em direção à solução.

Com base no trabalho seminal do matemático da Universidade de Cambridge Alan Baker, o holandês Robert Tijdeman, da Universidade de Leiden, nos Países Baixos, provou que apenas um número finito de soluções poderia existir para a equação anterior, se é que existiria alguma. No mesmo ano, foi demonstrado que, nesse caso, as potências deveriam ser menores que 10^{110}.

Mesmo que este seja um número astronomicamente grande (1 seguido por 110 zeros), o resultado abriu o caminho para a solução. A partir daí, era uma questão de, nas soluções em potencial, reduzir o limite superior da potência de 10 a um valor tratável e testar a equação de Catalan para todos os expoentes. Maurice Mignotte, da Universidade Louis Pasteur, em Estrasburgo, França, foi o primeiro a abaixar o limite. Em 1999, demonstrou que as potências de prováveis soluções deveriam ser menores que 10^{16}. Simultaneamente, foi provado que deveriam ser maiores que 10^7. O intervalo foi, desta forma, significativamente reduzido, mas ainda era demasiadamente grande para uma solução assistida por computador.

Era a hora para a primeira tacada de Mihailescu. Enquanto devaneava durante uma maçante viagem de trem para Zurique, retornando de uma conferência em Paris, teve uma idéia repentina: os expoentes na equação de Catalan deveriam ser pares de Wieferich, dois números que podem ser divididos um pelo outro de uma forma um tanto quanto complicada. Pares de Wieferich são muito raros e apenas seis são conhecidos. Assim, a busca por possíveis soluções da equação de Catalan deveria ser limitada a pares de Wieferich que, adicionalmente, deveriam ser menores que 10^{16}. De uma só tacada, a verificação do problema por computador havia se tornado possível. Foi lançado um projeto em que usuários da internet poriam à disposição o tempo ocioso de seus PCs para trabalhar na busca de pares de Wieferich e para testá-los na equação de Catalan. Entretanto, a busca avançou muito lentamente e, em 2001, o projeto foi cancelado. Nessa época, o limite inferior das potências havia, ao menos, sido elevado para 10^8. Contudo, mesmo o teste deste intervalo reduzido de números (de 10^8 a 10^{16}) levaria anos.

Agora, era a hora da segunda tacada de Mihailescu. Ele recordou-se de um tema obscuro chamado "teoria dos corpos ciclotômicos", desenvolvida pelo matemático alemão Eduard Kummer (1810-1893) em uma infrutífera tentativa de provar a conjectura de Fermat. Assim, um século mais tarde, Mihailescu tirou proveito do trabalho de Kummer para fechar o último buraco na prova da conjectura de Catalan.

Como alguém se sente ao solucionar um antigo e mundialmente conhecido problema? Nada de mais, segundo Mihailescu. Após, em uma dúzia de ocasiões anteriores, ter se convencido de haver atingido o objetivo e, logo em seguida, descoberto uma falha, tornou-se muito cauteloso. Com o tempo, lentamente passou a ter certeza de que, finalmente, conseguira. Então, mostrou a prova ao colega Mignotte, que havia gastado metade da vida com o problema. Na manhã seguinte, Mignotte disse acreditar que a prova estava correta. Eles não comemoraram, mas ficaram muito contentes.

11

ATÉ AS SÉRIES INFINITAS, ALGUMAS VEZES, TERMINAM

A soma da seqüência infinita de números 1, 1/2, 1/4, 1/8, ... tende ao valor 2, o que poderia ser facilmente concluído da soma dos primeiros termos da série. Entretanto, isto não deveria levá-lo a acreditar que toda seqüência infinita de números cujos termos decrescem em valor tem uma soma finita. Por exemplo, a chamada série harmônica, que começa com 1 + 1/2 + 1/3 + 1/4 + 1/5 + ..., tende ao infinito. E de uma forma extremamente lenta: não menos que 178 milhões de termos devem ser adicionados para chegar ao valor 20. No jargão matemático, diz-se que a série harmônica diverge. Seqüências infinitas de números cujas somas dos termos resultam em valores finitos são chamadas de convergentes.

Durante o Iluminismo, seqüências de números e suas somas eram consideradas importantes áreas de pesquisa. Em 1644, o estudante de 19 anos Pietro Mengoli, da Bolonha, que posteriormente se tornou padre e professor de matemática, perguntou se a seqüência dos recíprocos de números quadrados (1, 1/4, 1/9, 1/16, ...) convergiria e, se assim fosse, para que valor.

Ao longo dos anos, Mengoli acumulou vasta experiência trabalhando com seqüências infinitas de números. Foi ele, por exemplo, que provou que a série harmônica divergia e que a série harmônica alternada, em que os termos são alternadamente adicionados e subtraídos, convergia para 0,6931. Entretanto, não tinha resposta para a série dos recíprocos dos quadrados. Ele suspeitava que a soma tendia ao valor aproximado de 1,64, mas nem mesmo disto tinha certeza.

Alguns anos mais tarde, o matemático Jakob Bernoulli, da cidade suíça da Basiléia, interessou-se por esta misteriosa seqüência de números. O cientista, famoso em toda a Europa por suas habilidades matemáticas, também não conseguiu encontrar uma solução. Frustrado, postou uma nota em 1689, na qual escreveu: "Se alguém descobrir algo e tiver a gentileza de nos informar, ficaremos muito agradecidos."

Na virada do século XVIII, os intelectuais europeus estavam totalmente fascinados por este particular problema. A seqüência de números e o mistério que a envolvia tornaram-se temas populares de conversa nos salões da elite social. Logo, o problema foi considerado tão significativo como o de Fermat, que, na época, já tinha 50 anos. Diversos matemáticos, incluindo o escocês James Stirling, o francês Abraham de Moivre e o alemão Gottfried Wilhelm Leibniz, atacaram-no. Em 1726, o problema retornou à Suíça, à sua cidade natal da Basiléia.

Johann, irmão de Jakob Bernoulli, também um conhecido matemático, tinha um estudante excepcionalmente talentoso chamado Leonhard Euler, também da Basiléia. Euler era considerado uma estrela em ascensão no mundo da matemática. Para encorajá-lo, Johann pediu que trabalhasse no problema. Devido à conexão com matemáticos da Basiléia, o problema dos recíprocos de números quadrados ficou conhecido como o problema da Basiléia.

Euler gastou muitos anos trabalhando no problema, às vezes deixando-o de lado por meses, retomando-o mais tarde. Por fim, no outono de 1735, acreditou ter encontrado a solução. Quase meio século após Pietro Mengoli ter tido a primeira idéia sobre esta seqüência de números, Euler afirmou que o valor da soma, calculado com seis casas decimais, era 1,644934.

O que o levou à solução? Certamente, ele não somou os termos da série. Para calcular a soma com cinco casas decimais, Euler teria de considerar mais de 65.000 números. É óbvio que o matemático suíço tinha adivinhado o valor exato da soma (que vem a ser π quadrado, dividido por seis) , antes mesmo de prová-lo.[3] Por algum tempo, Euler recusou-se a anunciar a solução ao público, pois ele próprio estava surpreso com o resultado. Que diabo π, a proporção entre a circunferência e o diâmetro de um círculo, tem em comum com a soma?

Com a publicação, algumas semanas depois, de *De Summis Serierum Reciprocarum* [Sobre as somas das séries de recíprocos], Euler forneceu a prova para sua asserção. Ele escreveu ter "muito inesperadamente encontrado uma elegante fórmula para 1 + 1/4 + 1/9 + 1/16 que dependia do quadrado de um círculo!" Imediatamente, Johann Bernoulli ficou surpreso e aliviado. Ele disse: "Finalmente, o ardente desejo de meu irmão foi alcançado. Ele havia comentado que investigar a soma era muito mais complexo do que se podia imaginar. E tinha, abertamente, admitido que todos os seus esforços haviam sido em vão."

[3] π é a letra grega pi.

A solução era inesperada, pois Euler deparou-se com ela ao estudar funções trigonométricas. A chamada expansão em série da função seno é proximamente relacionada com a série dos recíprocos de números quadrados. Como funções trigonométricas estão relacionadas a círculos, o número π aparece como parte da solução.

A prova de Euler estabeleceu uma relação entre série de números e cálculo integral, que, na época, era ainda um jovem ramo da matemática. Atualmente, é um fato bem conhecido que a série de números da Basiléia representa um caso especial de uma função mais geral (a função zeta), que tem um papel importante na matemática moderna.

12

Provando a prova

Em agosto de 1998, Thomas Hales enviou a diversos matemáticos uma mensagem eletrônica em que declarava ter usado computadores para provar uma conjectura que havia se esquivado de confirmação incontestável por 400 anos.[4] O assunto da mensagem era a conjectura de Kepler, proposta pelo astrônomo alemão Johannes Kepler, segundo a qual o modo mais compacto de empilhar esferas é formando uma pirâmide — como os feirantes empilham laranjas. Logo após Hales fazer o anúncio, notícias da descoberta apareceram na primeira página de jornais ao redor do mundo. Entretanto, a prova de Hales permanecia em um limbo. Ele a submeteu à prestigiosa revista *Annals of Mathematics*, mas ainda não foi publicada. Embora acreditem que a prova esteja correta, os revisores dizem estar tão esgotados com o processo de verificação que não podem, definitivamente, afirmar que não há erro. Assim, quando a prova de Hales, por fim, aparecer na *Annals*, virá acompanhada de uma nota editorial — uma declaração de que foi impossível verificar partes do artigo.

---

[4] Este é o mesmo Thomas Hales que encontramos no capítulo 9.

No âmago desta história fantástica está o uso de computadores na matemática, um tema que divide opiniões. Algumas vezes descritas como abordagem de "força bruta", provas assistidas por computador geralmente envolvem o cálculo de milhares de possíveis resultados de um problema, até que a solução final seja produzida. Muitos matemáticos têm aversão a este método, por considerá-lo deselegante. Outros criticam-no por não auxiliar, de qualquer forma, a compreensão do problema em questão. Por exemplo, em 1977 foi publicada uma prova assistida por computador para o teorema das quatro cores. Este teorema especifica que não mais que quatro cores são necessárias para preencher um mapa, de modo que duas regiões adjacentes tenham sempre cores diferentes. Nenhum erro foi encontrado na prova, mas alguns matemáticos persistem na busca de uma solução, usando métodos convencionais.

Hales (que trabalhou nesta prova na Universidade de Michigan, em Ann Arbor, antes de transferir-se para a Universidade de Pittsburgh, na Pensilvânia) começou reduzindo o número infinito de possíveis modos de empilhamento a 5.000. A seguir, usou computadores para calcular a densidade de cada um, o que era muito mais difícil do que parece. A prova envolvia a verificação de uma série de desigualdades matemáticas, para o que foram especialmente escritos programas de computador. De modo geral, mais de 100.000 desigualdades foram verificadas em um período de 10 anos. Robert MacPherson, um matemático do Instituto para Estudos Avançado, da Universidade Princeton, em Nova Jersey, e editor da *Annals*, ficou intrigado ao tomar conhecimento da prova. Ele queria pedir a Hales e ao estudante de pós-graduação Sam

Ferguson, que colaborou na prova, que submetesse a descoberta para publicação, mas sentia-se desconfortável com o fato de o trabalho ter sido realizado com a ajuda do computador.

Entretanto, a *Annals* já havia aceitado uma prova mais curta assistida por computador, um artigo sobre um problema em topologia. Após sondar os colegas do conselho editorial da revista, MacPherson pediu a Hales para submeter o trabalho. Extraordinariamente, MacPherson designou uma dúzia de matemáticos para revisar a prova — a maioria das revistas usa de um a três revisores. A tarefa era chefiada por Gábor Fejes Tóth, do Instituto de Matemática Alfréd Rényi, em Budapeste, Hungria, cujo pai, o matemático Lászlo Fejes Tóth, previu em 1965 que, um dia, computadores tornariam possível uma prova da conjectura de Kepler. Não bastava aos revisores rodar novamente os programas de computador de Hales; deviam verificar se os programas funcionavam como deveriam. A inspeção de todos os programas, de suas entradas e saídas, que, juntas, ocupavam 3 gigabytes de memória, seria impossível. Os revisores limitaram-se, então, a verificações de consistência, a uma reconstrução dos processos de pensamento por trás de cada passo da prova e, finalmente, a um estudo de todas as suposições e lógica usada para projetar os programas. Uma série de seminários, que ocuparam vários anos letivos, foi organizada para auxiliar no esforço.

Contudo, o sucesso permanecia de difícil compreensão. Em julho de 2002, Fejes Tóth informou que ele e os outros revisores estavam 99% certos de que a prova estava correta. Não encontraram erros nem omissões, mas sentiam que, sem verificar cada linha dos programas de computador, não poderiam ter certeza absoluta de que a prova estava correta.

Para uma prova matemática, isto não é suficiente. Afinal, a maioria dos matemáticos já crêem na conjectura; a prova deveria transformar esta crença em certeza. A história da conjectura de Kepler também ensina a cautela. Em 1993, Wu-Yi Hsiang, na época na Universidade de Califórnia, em Berkeley, publicou uma prova de 100 páginas da conjectura na revista *International Journal of Mathematics*. Entretanto, logo após a publicação, erros foram encontrados em partes da prova. Embora Hsiang defenda o trabalho, a maioria dos matemáticos não acredita que seja válido.

Depois que os relatórios dos revisores foram analisados, Hales disse ter recebido a seguinte carta de MacPherson: "A notícia vinda dos revisores é ruim, segundo minha perspectiva. Eles não foram capazes de certificar que a prova está correta, nem serão capazes de certificá-la no futuro, pois esgotaram a energia... Pode-se especular se o processo que usaram teria convergido para uma resposta definitiva caso tivessem tido, desde o início, um manuscrito mais claro, mas isto não importa agora."

A última frase deixa transparecer uma certa irritação. A prova fornecida por Hales não era, de forma alguma, uma peça acabada. O manuscrito de 250 páginas consistia em cinco artigos independentes, sendo cada um uma espécie de relatório laboratorial que Hales e Ferguson preenchiam sempre que o computador terminava uma parte da prova. Este formato tornou a leitura difícil. Para piorar as coisas, a notação e as definições também variavam ligeiramente de um artigo para o outro.

MacPherson pediu aos autores que revisassem o manuscrito. Entretanto, Hales e Ferguson não queriam gastar mais um ano reescrevendo o artigo. "Tom poderia passar o resto da carreira simplificando a prova", disse Ferguson quando completaram o artigo. "Isto não parece ser uma forma apropriada de gastar o tempo." Hales voltou-se para outros desafios e usou métodos convencionais para solucionar a conjectura dos favos de mel, de 2.000 anos de idade, segundo a qual, entre todos os formatos concebíveis de ladrilhos de mesma área que podem ser usados para cobrir um chão sem deixar qualquer vão, os ladrilhos hexagonais têm o menor perímetro. Ferguson deixou a vida acadêmica para trabalhar no Departamento de Defesa dos Estados Unidos.

Defrontando-se com revisores exaustos, o conselho editorial da *Annals* decidiu publicar o trabalho, acompanhado de uma nota de cautela. O artigo será publicado com uma introdução dos editores, declarando que pode ser impossível revisar totalmente provas deste tipo, que envolvem o uso de computadores para verificar um grande número de afirmações matemáticas. O assunto poderia ter sido encerrado aí, mas, para Hales, não era satisfatório ter uma nota adicionada a sua prova.

Em janeiro de 2004, Hales lançou o projeto "*Formal Proof of Kepler*" [Prova Formal de Kepler] ou "FPK", a partir das iniciais do termo em inglês, que logo foi apelidado de "*Flyspeck*"*. Em vez de depender de revisores humanos, Hales pretende usar computadores para verificar cada passo da prova. O esforço exigirá a colaboração de um grupo central de 10 voluntários, que devem ser matemáticos formados e dispostos a doar tempo de computação em

---

* *Flyspeck* resulta da busca, em dicionários da língua inglesa, de palavras com o padrão /f.*p.*k/ ; além disto o termo é uma gíria que significa "examinar cuidadosa ou detalhadamente, inspecionar" e, portanto, vem bem a calhar. Veja a página do projeto na internet: http://www.math.pitt.edu/~thales/flyspeck/ (N.T.)

suas máquinas. A equipe escreverá programas de computador para desmembrar cada passo da prova, linha por linha, em um conjunto de axiomas sabidamente corretos. Se cada parte do programa puder ser reduzida a esses axiomas, a prova será, finalmente, verificada. As pessoas envolvidas vêem o projeto como uma forma de fazer algo mais que apenas validar a prova de Hales. Sean McLaughlin, um estudante de pós-graduação da Universidade de Nova York que foi aluno de Hales e usou métodos computacionais para solucionar outros problemas matemáticos, já se apresentou como voluntário. "Parece ser quase impossível para os seres humanos verificar provas assistidas por computador", diz ele. "Com sorte, seremos capazes de provar que problemas deste porte podem ser submetidos a verificação rigorosa sem a necessidade de um processo de revisão." Entretanto, nem todos compartilham o entusiasmo de McLaughlin. Pierre Deligne, um geômetra algebrista do Instituto para Estudos Avançados, é um dos muitos matemáticos que não aceitam provas assistidas por computador. "Acredito em uma prova se entendê-la", diz ele. Para aqueles que concordam com Deligne, usar computadores para eliminar revisores humanos do processo de revisão é outro passo na direção errada.

Apesar das reservas em relação à prova, MacPherson não acredita que os matemáticos devam evitar computadores. Outros vão ainda mais longe. Freek Wiedijk, da Universidade Católica de Nijmegen, nos Países Baixos, é um pioneiro no uso de computadores para verificar provas. Segundo ele, o processo pode tornar-se padrão na matemática. "As pessoas se voltarão para o fim do século XX e dirão 'Foi quando tudo aconteceu'", diz Wiedijk. Quer a verificação assistida por computador deslanche ou não, é provável que vários anos se passarão até que Flyspeck produza um resultado. Hales e McLaughlin são os únicos participantes confirmados, embora outros tenham demonstrado interesse. Hales estima que o processo completo, desde a elaboração dos programas de computador até seu uso, deva levar 20 anos-pessoa de trabalho. Apenas quando a conjectura de Kepler se tornar o teorema de Kepler saberemos, com certeza, se estivemos empilhando laranjas corretamente todos estes anos.

13

Terá sido a conjectura de Poincaré finalmente resolvida?

Como uma formiga pode saber se está sentada em uma bola ou em uma rosca? Como os gregos antigos podiam saber que a Terra não era plana? A dificuldade em resolver problemas desta natureza reside no fato de que uma bola, uma esfera com um buraco e um plano parecem exatamente a mesma coisa nas vizinhanças do observador.

A topologia desenvolveu-se no século XIX como um ramo da geometria, mas tornou-se, ao longo dos anos, uma disciplina matemática independente. Topólogos estudam questões qualitativas a respeito de objetos geométricos (superfícies e esferas) em espaços de duas, três e mais dimensões. Estes objetos — imagine-os feitos de argila ou massa de modelar — podem ser transformados uns nos outros por esticamento e encolhimento, mas sem cortes, perfurações ou colagem de partes separadas. Esferas ou cubos, por exemplo, podem ser manipulados nas formas de ovo ou de pirâmide e são, portanto, considerados topologicamente equivalentes. Por outro lado, uma bola não pode ser transformada em uma rosca sem ser perfurada. Finalmente, um *pretzel* não é equivalente a uma rosca, topologicamente falando, por ter três furos.

Em topologia, o número de furos de um objeto é uma característica importante. Mas, como se definem furos matematicamente? Nada envolvido por uma borda? Não, isto não serve. Teoricamente, proceda da seguinte forma: passe uma fita elástica em volta do objeto a ser investigado. Se for uma bola, um ovo ou outro objeto sem furo, não importa onde a fita elástica for posicionada, ela sempre poderá ser encolhida continuamente até ser reduzida a um único ponto. Mas, ao investigar objeto como rosca ou *pretzel* e envolver a superfície com uma fita elástica, nem sempre este processo funciona. Se a fita elástica passar por um dos furos, o laço será apertado quando for encolhido. Por isto, em topologia, os corpos são classificados de acordo com o número de furos.

Superfícies de corpos tridimensionais, como bolas ou roscas, são chamadas de variedades bidimensionais. O que dizer de variedades tridimensionais, ou seja, superfícies que pertencem a corpos de quatro dimensões? Para investigar estes objetos, o matemático francês Henri Poincaré (1854-1912) procedeu da mesma forma como para variedades bidimensionais. E fez uma asserção ousada: variedades tridimensionais, nas quais qualquer laço puder ser encolhido a um único ponto, são topologicamente equivalentes a uma esfera. Entretanto, quando tentou fornecer uma prova para esta asserção, deparou-se com uma batata quente. Sua tentativa falhou. Assim, em 1904, a palavra "asserção" foi substituída por "conjectura".

No curso da segunda metade do século XX, matemáticos conseguiram provar que a conjectura de Poincaré é verdadeira para variedades de quatro, cinco, seis e qualquer número superior de dimensões. Entretanto, a conjectura original para variedades de três dimensões permanecia sem solução. Isto era ainda mais frustrante, uma vez que o espaço de quatro dimensões, onde se encontram as variedades tridimensionais em questão, representa o contínuo espaço-tempo em que vivemos.

Na primavera de 2003, foi anunciado que Grigori Perelman, um matemático russo do Instituto Steklov, em São Petersburgo, podia ter obtido sucesso em fornecer uma prova da conjectura de Poincaré. Da mesma forma que o famoso colega Andrew Wiles, que tinha "resolvido" o último teorema de Fermat em 1995, Perelman também trabalhou em completo isolamento e solidão por oito anos. Seus esforços culminaram em três ensaios, que postou na internet, um em novembro de 2002, outro em março de 2003 e o último em julho de 2003.

Cientistas da antiga União Soviética não têm vida fácil e Perelman não era exceção. Em um dos artigos, em uma nota de rodapé, menciona ter sobrevivido financeiramente apenas graças ao dinheiro ganho trabalhando como pesquisador em instituições americanas. Em abril de 2003, Perelman apresentou uma série de palestras nos Estados Unidos. O objetivo era compartilhar os resultados com colegas e obter deles uma realimentação.

Na prova, Perelman baseou-se em duas ferramentas, desenvolvidas por dois colegas em trabalhos anteriores. O primeiro é a chamada conjectura da geometrização, formulada na década de 1980 por William Thurston, da Universidade da Califórnia, atualmente na Universidade Cornell. É um fato conhecido — pelos matemáticos, pelo menos — que variedades tridimensionais podem ser decompostas em elementos básicos. Segundo a conjectura de Thurston, estes elementos podem ser de apenas oito formas diferentes. Provar esta conjectura era uma tarefa ainda mais ambiciosa que provar a conjectura de Poincaré. Esta apenas pretende identificar as variedades equivalentes a uma esfera. Thurston conseguiu provar a conjectura, mas unicamente após fazer suposições adicionais. Por este feito, recebeu a mais alta honraria matemática, a Medalha Fields, em 1983.* Entretanto, no que diz respeito à versão mais geral, sem as suposições feitas por Thurston a conjectura permanece sem prova.

A segunda ferramenta utilizada por Perelman é o chamado fluxo de Ricci. Este conceito foi introduzido na topologia por Richard Hamilton, da Universidade Columbia. Basicamente, o fluxo de Ricci é uma equação diferencial, relacionada à dispersão de calor em um corpo. Em topologia, o fluxo de Ricci descreve o desenvolvimento de uma variedade que se modifica continuamente, a uma taxa inversamente proporcional à curvatura da variedade em cada ponto. Isto permite que um corpo deformado encontre um estado de curvatura constante. Algumas vezes, o fluxo de Ricci permite que variedades se dividam em vários componentes. Hamilton provou — ainda que sob certas condições limitantes — que estes componentes podem apenas assumir as oito formas previstas por Thurston.

Perelman foi bem-sucedido ao estender a teoria do fluxo de Ricci e obter uma prova completa da versão geral da conjectura da geometrização de Thurston. A partir daí, resulta, como um corolá-

---

* Essa medalha foi instituída em 1936, segundo proposta de John C. Fields, matemático e professor da Universidade de Toronto. É outorgada pela União Matemática Internacional a cada quatro anos, por ocasião do Congresso Internacional de Matemáticos. (N.T.)

rio, que a conjectura de Poincaré está correta: se um laço em volta de uma variedade tridimensional puder ser encolhido a um ponto, então a variedade é equivalente a uma esfera.

A prova que Perelman apresentou na série de palestras ainda requer verificação detalhada. Isto pode levar vários anos. Não seria a primeira vez que uma prova, logo após a divulgação junto à comunidade matemática, poderia resultar incompleta. Por exemplo, em 2002, um ano antes da publicação dos artigos de Perelman, o matemático inglês Martin Dunwoody divulgou, na internet, que acreditava ter encontrado uma prova da conjectura de Poincaré (Veja o capítulo 5). Para sua mortificação, um colega logo notou que uma das asserções feitas por ele ao longo do artigo de cinco páginas não era totalmente provada.

Até o momento, não há razão para pensar que a prova descrita por Perelman seja incorreta. Nenhuma falha foi descoberta, nenhum erro encontrado. Caso esta prova passe todos os testes futuros, parece que o matemático russo será o primeiro ganhador do Prêmio Clay, a ser outorgado a matemáticos que conseguirem solucionar um dos sete "problemas do milênio". Com o dinheiro do prêmio de 1 milhão de dólares, Perelman não precisará mais depender dos magros honorários que professores visitantes geralmente recebem.*

* No Congresso Internacional de Matemáticos de 2006, realizado em Madri, a União Matemática Internacional outorgou a Medalha Fields a Perelman, pela prova da conjectura de Poincaré. Mas Perelman não aceitou a honraria. (N.T.)

IV

PERSONALIDADES

14

Tributo tardio a um trágico herói

No dia 5 de agosto de 2002, o mundo celebrou o bicentenário de nascimento de um dos mais eminentes matemáticos da história, o norueguês Niels Henrik Abel (1802-1829). Ele morreu de tuberculose, com apenas 26 anos de idade. Embora sua vida tenha sido curta, o trabalho de Abel foi extremamente frutífero. Uma importante enciclopédia matemática menciona o nome Abel e o adjetivo "abeliano" cerca de 2.000 vezes.

O trabalho de Abel foi tão significativo que, em 2001, Thorvald Stoltenberg, o então primeiro-ministro norueguês, anunciou o estabelecimento da Fundação Abel, que passaria a outorgar um prêmio anual de 800.000 euros. Este prêmio, que teve o Prêmio Nobel como modelo, foi criado com o objetivo de se tornar o mais importante no campo da matemática.

Abel cresceu em Gjerstad, uma cidade ao sul da Noruega, o segundo dos sete filhos da família. O pai era um pastor luterano que, por um período, também atuou como membro do parlamento norueguês. Até a idade de 13 anos, Niels foi educado pelo pai em casa. Apenas quando o adolescente passou a freqüentar uma escola da Igreja em Cristiânia, a 192 quilômetros de distância, seu talento realmente se tornou aparente. Um professor de matemática reconheceu os dons incomuns do jovem e estimulou-o o máximo que pode.

Quando Abel tinha 18 anos, o pai morreu e, de repente, ele viu-se forçado a sustentar a família, passando a dar aulas particulares de matemática básica e a fazer biscates. Graças à ajuda financeira dos professores, Abel conseguiu, em 1821, matricular-se na Universidade de Cristiânia, que, posteriormente, veio a ser a Universidade de Oslo. Não demorou muito até que Abel começasse a ofuscar os professores. No entanto, seu primeiro grande feito estava incorreto. Abel acreditava ter encontrado um método para resolver equações do quinto grau e submeteu seu trabalho para publicação em uma revista científica. O editor, porém, não conseguiu entender a solução e pediu um exemplo numérico.

Abel se pôs a trabalhar para atender a exigência e logo percebeu haver um erro na dedução. Entretanto, o erro mostrou-se útil. Enquanto tentava fazer a correção, Abel entendeu que é simplesmente impossível resolver uma equação do quinto ou de graus mais elevados por meio de uma fórmula. Para chegar a esta conclusão e prová-la, Abel usou um conceito chamado de teoria dos grupos, que, mais tarde, viria a se tornar um ramo muito importante da matemática moderna.

Abel publicou o artigo por conta própria. A seguir, iniciou uma viagem à Alemanha, com apoio financeiro do governo norueguês, tendo como objetivo encontrar-se com o famoso matemático Carl Friedrich Gauss em Göttingen. Entretanto, Gauss nunca leu o trabalho que Abel havia enviado antes de partir. Além disto, Gauss deixou bem claro que não tinha qualquer interesse em um encontro. Desapontado, Abel prosseguiu viagem para a França, um desvio que teve um feliz resultado colateral. A caminho de Paris, Abel conheceu o engenheiro August Leopold Crelle em Berlim, que veio a se tornar um grande amigo e incentivador. A revista *Journal für Reine und Angewandte Mathematik* [*Revista de Matemática Pura e Aplicada*], fundada por Crelle e que existe até hoje, publicou muitos dos artigos altamente originais de Abel.

Os colegas franceses que Abel tentou visitar se mostraram tão pouco hospitaleiros como o professor alemão. O trabalho sobre funções elípticas que Abel havia feito e enviado, como uma apresentação, para Augustin Cauchy, o principal matemático francês da época, foi ignorado. O artigo caiu no esquecimento e, ao fim, foi perdido. Apesar da decepção, Abel insistiu, permaneceu em Paris e fez tudo que podia para ter seu trabalho reconhecido. Ele era extremamente pobre e não podia pagar, ao menos, uma refeição por dia.

Entretanto, os sacrifícios tiveram resultados. Crelle fez de tudo para convencer o amigo a se estabelecer na Alemanha. Doente e sem um tostão, Abel retornou a seu país. Crelle pôs-se, então, a buscar um cargo acadêmico para o amigo e, por fim, os esforços foram produtivos. Em uma carta datada de 8 de abril de 1804, Crelle pôde, com grande felicidade, informar ao amigo que a Universidade de Berlim lhe oferecia uma vaga como professor. Infelizmente, era tarde demais: Niels Henrik Abel havia morrido de tuberculose dois dias antes.

Dos diversos conceitos associados a Abel, mencionaremos, brevemente, o de "grupo abeliano". A álgebra moderna define um conjunto de elementos como um grupo se estes elementos puderem ser relacionados entre si com a ajuda de uma operação. Quatro condições devem ser satisfeitas: primeiro, o resultado da operação também deve ser um elemento do grupo. Segundo, a operação deve ser "associativa", o que significa que não importa a ordem em que duas operações sucessivas são realizadas. Terceiro, deve existir um elemento, chamado de elemento neutro, que deixa o resultado da operação inalterado. Quarto, cada elemento deve ter um inverso. Por exemplo, os números inteiros formam um grupo sob a operação de adição. Estas são as razões: a soma de dois números inteiros também é um número inteiro; a operação é associativa, pois $(a + b) + c = a + (b + c)$; o número zero é o elemento neutro, pois a soma de um número com zero deixa o número inalterado; o elemento inverso de, digamos, 5 é –5. Números racionais (números inteiros e frações) não formam um grupo sob a multiplicação, embora o produto de dois números racionais seja também um número racional (por exemplo, 2/3 vezes 3/7 é igual a 6/21), o elemento inverso de 5 é 1/5 e o elemento neutro, neste caso, é 1. Mas, não formam um grupo porque 0 não tem inverso.

Grupos podem ser subdivididos em "abelianos"e "não-abelianos". Um grupo é chamado abeliano se seus elementos, quando relacionados entre si, puderem ser alternados (por exemplo: $5 + 7 = 7 + 5$). Um exemplo de elementos que formam um grupo "não-abeliano" são as rotações de um dado. Se ao dado forem, em seqüência, aplicadas duas rotações em torno de eixos diferentes, a ordem em que são executadas, sem dúvida, faz diferença. Experimente e veja isto você mesmo. Tome dois dados e coloque-os sobre a mesa, em posições idênticas. Gire o primeiro dado em torno do eixo vertical e, depois, em torno de um eixo horizontal. A seguir, gire o segundo dado nas mesmas direções, mas primeiro gire-o em torno do eixo horizontal e, então, em torno do eixo vertical. Você observará que as faces dos dados apontam em direções diferentes. Portanto, o grupo das rotações dos dados é "não-abeliano". É este fato em particular, dentre outros, que torna a solução do famoso cubo de Rubik tão diabolicamente complicada!

15

O PROFESSOR SEM SALÁRIO

Na Alemanha, no ano de 1934, tristes circunstâncias resultaram em boa sorte para Zurique. O matemático Paul Bernays, devido a sua origem judaica, foi forçado a se mudar de Göttingen para a cidade junto ao rio Limmat. Sua reputação como um brilhante lógico o precedeu. De nacionalidade suíça, Bernays nasceu em Londres, em 1888. Primeiro, estudou engenharia e, depois, matemática, em Berlim. Então, o jovem doutor lecionou, durante cinco anos, como *Privatdozent* — professor assistente sem salário fixo — na Universidade de Zurique.

Um dia, o famoso matemático David Hilbert visitou Zurique. Durante uma caminhada com colegas suíços pelas colinas ao redor da cidade, tomou conhecimento do talentoso Bernays e, imediatamente, ofereceu-lhe um cargo em Göttingen. Embora o *Privatdozent* estivesse já na casa dos 30 anos, não considerou que fosse demeritório mudar-se para Göttingen para trabalhar como assistente do grande Hilbert. A colaboração extremamente frutífera culminou nos dois volumes de *Foundations of Mathematics* [Fundamentos da Matemática], obra em que os autores construíram o edifício da matemática, baseados completamente em lógica simbólica.

Entretanto, as nuvens negras do regime nazista haviam se formado no horizonte. Os professores de matemática em Göttingen, que em sua maioria eram homens (uma única mulher, Emmy Noether) da fé judaica, foram escorraçados pelos cúmplices de Hitler. Hilbert ficou abatido com a partida de Bernays, e com a de todos os outros colegas judeus.

A perda de Göttingen representou um ganho para Zurique, pois a chegada de Bernays foi a semente que iniciou o desabrochar da lógica na Suíça. No *Eidgenössische Technische Hochschule* [Instituto Federal de Tecnologia], Bernays foi, inicialmente, instrutor e, depois, professor adjunto, com a metade da carga de ensino. Durante o semestre de inverno de 1939-1940, Bernays conduziu, junto com Ferdinand Gonseth e George Polya, o primeiro seminário sobre lógica. O evento viria a se tornar um marco no calendário acadêmico; Bernays o organizou e liderou por décadas. A participação no seminário era gratuita. Como não era funcionário de tempo integral da universidade, Bernays poderia ter cobrado uma taxa dos participantes, mas, talvez, não muitos estudantes teriam podido tomar parte.

Mesmo após se aposentar em 1958 e atingir idade avançada, Bernays continuou a participar deste especialmente animado seminário. Um antigo aluno se recorda de quando se postou diante do quadro-negro para expor um artigo publicado pouco tempo antes. Ele mal havia iniciado a exposição quando Bernays fez a primeira pergunta, originando um debate com o professor Hans Läuchli, que foi até o quadro-negro e, com giz na mão, tentou resolver o problema. A seguir, o professor Ernst Specker se levantou para apresentar uma outra versão. Agora, Bernays, querendo dar mais peso a seu ponto de vista, insistia. O debate se tornou mais e mais animado. O pobre estudante, que hoje é um respeitado professor na Universidade de Lausanne, quase não consegue terminar a própria exposição, e mesmo assim, só com grande esforço.

Bernays morreu no dia 18 de setembro de 1977. Após sua morte, a tradição da lógica foi mantida pelos antigos colegas Läuchli e Specker. Quando Specker se aposentou em 1987, seus assistentes e alunos insistiram para que prosseguisse com o seminário, o que ele fez por mais 15 anos. Diversos participantes do seminário são, atualmente, professores em universidades de diferentes partes do mundo.

16

Gênios de outro planeta

Há pouco mais de um século, no dia 28 de dezembro de 1903, nascia em Budapeste, Hungria, um dos mais importantes matemáticos dos tempos modernos. John von Neumann é hoje conhecido como o pai do computador eletrônico, o fundador da teoria dos jogos e o pioneiro da inteligência artificial. Foi,também, um dos que desenvolveram a bomba atômica. Von Neumann distinguiu-se em áreas tradicionais, como matemática pura e fundamentos matemáticos da física, tópicos modernos, como ciência da computação, e pós-modernos, como redes neurais e "autômatos celulares". (Este último tópico viria a ser redescoberto, algumas décadas mais tarde, por outro gênio, Stephen Wolfram; veja o capítulo 18).

Jancsi, como era carinhosamente chamado pela família, era filho de pais abastados, de origem judaica. O pai, um banqueiro, comprou o aristocrático título de *von* — para ser colocado na frente do comum *Neumann*. Segundo o costume nas famílias abastadas de Budapeste, o jovem foi educado por governantas alemãs e francesas. Ainda criança, já exibia sinais de genialidade. Era capaz de conversar em grego antigo e podia recitar de memória páginas inteiras do catálogo telefônico. Não demorou muito para que os professores de Jancsi no colégio protestante de Budapeste descobrissem seu talento matemático e o encorajassem tanto quanto podiam. (Aliás, von Neumann não era o único aluno brilhante desta escola incomum: Eugene Wigner, ganhador do Prêmio Nobel de Física de 1963, foi da turma anterior à de von Neumann; John Harsanyi, ganhador do Prêmio Nobel de Economia de 1994, e Theodor Herzl, fundador ideológico do estado de Israel, também lá estudaram.)

Sem ser surpresa para ninguém, von Neumann estava ansioso para estudar matemática após completar o ensino médio. Entretanto, seu pai pensava que matemática era uma profissão pouco prospectiva e preferia que o filho seguisse uma carreira de negócios. Jancsi se opôs e, por fim, chegaram a um acordo, que levou o jovem von Neumann a estudar química em Berlim. Ao menos, segundo o pai, química era um assunto prático e poderia prover uma renda. No entanto, o estudante matriculou-se, simultaneamente, na Faculdade de Matemática da Universidade de Budapeste. Desnecessário dizer que a rígida *"numerus clausus"*, que impedia que estudantes judeus freqüentassem a universidade, não foi obstáculo para von Neumann. Ele também jamais sofreu com antisemitismo na universidade, pois não assistia às aulas. Ele viajava a Budapeste apenas para fazer as provas.

Em 1923, von Neumann trocou de universidade e se mudou de Berlim para Zurique, onde se matriculou no prestigiado *Eidgenössische Technische Hochschule* (ETH) [Instituto Federal de Tecnologia]. Além de assistir às aulas obrigatórias de química, participava dos seminários de matemática oferecidos pela ETH. Em 1926, ele não recebeu apenas o título de *diplomierter Chemiker ETH,* mas também o de doutor em matemática da Universidade de Budapeste. O tema de sua tese foi teoria de conjuntos, um campo que abriu novos rumos e se tornou a semente do desenvolvimento da matemática.

Logo em seguida, o jovem *Herr Doktor* — a esta altura, já reconhecido como um gênio por seus pares — chegou à cidade alemã de Göttingen. A universidade da cidade abrigava o que era, então, tido como o principal centro de matemática do mundo. O excepcional representante deste centro, David Hilbert, o mais eminente matemático da época, recebeu von Neumann calorosamente. A estadia foi seguida por séries de palestras em Berlim e Hamburgo.

Imediatamente antes que cientistas de origem judaica fossem banidos das universidades européias, von Neumann viajou para os Estados Unidos, por convite da Universidade Princeton. Isto foi no início da década de 1930, quando a mecânica quântica havia acabado de ser desenvolvida por Max Planck, Werner Heisenberg e outros. Von Neumann deu à teoria o que, até então, faltava a ela — sólidas e rigorosas bases matemáticas. Por este feito extraordinário, ele assumiu um cargo no Instituto para Estudos Avançados, junto com Albert Einstein, um dos seis professores fundadores. Desta época até sua morte, o instituto foi uma verdadeira casa para o matemático que, nesse ínterim, havia se tornado cidadão americano e trocado o nome Jancsi para Johnnie.

Von Neumann não se interessava apenas pelos fundamentos de matemática pura, mas também era fascinado pela aplicação da matemática a outras áreas. Numa época em que a Europa era varrida pela guerra, e as ciências naturais e suas aplicações à tecnologia da guerra tornavam-se crescentemente importantes, o trabalho de von Neumann sobre hidrodinâmica, balística e ondas de choque despertou o interesse dos militares. Não demorou muito até que passasse a ser conselheiro do exército americano e daí, um pequeno passo para sua indicação, em 1943, para o Projeto Manhattan, em Los Alamos, no estado do Novo México. Junto com um grupo de emigrantes húngaros, incluindo Eugene Wigner, Edward Teller e Leo Szilard, engajou-se no desenvolvimento da bomba atômica. (Logo, este grupo de cientistas húngaros foi apelidado pelos colegas de "os homens de Marte": devido a suas inteligências sobre-humanas e a linguagem incompreensível que usavam entre si, corria o rumor que haviam chegado à Terra vindos de outro planeta!) Em Los Alamos, von Neumann fez os cálculos decisivos que permitiram que os cientistas desenvolvessem a bomba de plutônio.

Nos laboratórios de Los Alamos, os matemáticos tinham de efetuar muitos cálculos tediosos e rotineiros. Para acelerar as coisas, desenvolveram técnicas numéricas que eram executadas manualmente por dúzias de moedores humanos de números. A necessidade de algo mais rápido era cada vez mais premente. Coincidentemente, von Neumann estava familiarizado com as idéias de Alan Turing, um batalhador talento matemático da Inglaterra que, na época, trabalhava em uma tese de doutorado em Princeton, e com as do engenheiro John Eckert e de seu colega físico John Mauchly. O primeiro foi um pioneiro das idéias sobre o computador moderno; os outros dois estavam no processo de construir, na Filadélfia, o primeiro dispositivo americano de computação eletrônica. Com base no trabalho dos três, von Neumann desenvolveu os princípios do que atualmente é conhecido como "arquitetura de computador". Até os dias de hoje, a "arquitetura de von Neumann" controla o fluxo de dados em cada microcomputador de mesa. Foi von Neumann que reconheceu que programas poderiam ser armazenados no computador e chamados quando necessário, da mesma forma que os dados. Até então, os especialistas pensavam que programas seriam uma parte do hardware, como nas máquinas mecânicas de somar.

Um dia, durante um debate com Oskar Morgenstern, um economista que emigrou de Viena para Princeton, os dois homens discutiram idéias que passariam a ser conhecidas como teoria dos jogos. Von Neumann e o amigo vienense provaram o chamado teorema minimax, que postula que, em jogos de tabuleiros, é indiferente se alguém maximiza o ganho ou minimiza as perdas. Desde então, a teoria dos jogos, que também é aplicável no mundo dos negócios e em política internacional, tornou-se um ramo científico independente, localizado em algum lugar entre a matemática e a economia. (Um dos maiores proponentes da teoria foi John Nash, ganhador do Prêmio Nobel de Economia de 1994 — junto com John Harsanys e Richard Selten — e personagem principal do filme *Uma mente brilhante*.)

Próximo ao fim da vida, von Neumann passou a se interessar pelo cérebro. Em publicações póstumas a respeito da analogia entre o cérebro humano e computadores, defendeu a opinião de que o cérebro funciona tanto no modo analógico como no modo binário. Adicionalmente, escreveu ele, o cérebro não emprega a mesma arquitetura von Neumann usada em PCs, mas, em vez disto, utiliza métodos de processamento paralelo, como os usados pelos modernos supercomputadores. Desta forma, von Neumann antecipou a teoria de redes neurais, que tem um papel importante na pesquisa de inteligência artificial da atualidade.

Von Neumann tinha um aguçado senso de diversão. Tentou, junto com a primeira esposa, Marietta, e, após o divórcio, com a segunda, Klari — ambas naturais de Budapeste — importar para a América a atmosfera de cabaré que havia conhecido no tempo de estudante em Berlim. As festas dadas por von Neumann em Princeton, que duravam até a madrugada, tornaram-se legendárias.

Durante a vida, von Neumann foi homenageado com numerosos prêmios científicos e títulos. Entretanto, seus últimos meses foram muito difíceis. Aos 52 anos, soube que tinha câncer. Não conseguiu lutar contra o inevitável. Durante o dia, o cientista de mente irrequieta ficava confinado a uma cadeira de rodas e à noite, sofria ataques de pânico. Um ano mais tarde, no dia 8 de fevereiro de 1957, Johnnie von Neumann sucumbiu à doença no Hospital Walter Reed, em Washington, D.C.

17

A RESSURREIÇÃO DA GEOMETRIA

Nos anos de 1950, a geometria parecia ser uma disciplina próxima da extinção. Nas escolas, os professores tinham, obviamente, que ensiná-la aos alunos; entretanto, no que dizia respeito aos pesquisadores, este particular ramo da matemática praticamente nada tinha de interessante a oferecer. Coisa ultrapassada, pensavam muitos matemáticos. Apenas um resolveu discordar. Seu nome era Harold Scott MacDonald Coxeter.

Coxeter nasceu em Londres, Inglaterra, no dia 9 de fevereiro de 1907. Ainda na escola primária, seu impressionante talento matemático já chamava a atenção. Quando Coxeter pai apresentou o filho a Bertrand Russel, o filósofo aconselhou-o que o garoto fosse educado por professores particulares até que tivesse idade para estudar na Universidade de Cambridge. Mesmo em Cambridge, um dos mais importantes centros acadêmicos da Inglaterra, não demorou muito para que Coexter fosse reconhecido como um matemático extremamente talentoso. O filósofo mais eminente de Cambridge, Ludwig Wittgenstein, escolheu-o como um dos apenas cinco estudantes que aceitava para assistir a suas cobiçadas aulas sobre a filosofia da matemática.

Coxeter completou o doutorado em Cambridge e foi convidado pela Universidade Princeton como pesquisador visitante. Um pouco antes da início da Segunda Guerra Mundial, aceitou um cargo na Universidade de Toronto. Foi nessa cidade um tanto quanto remota, distante dos renomados centros de matemática do mundo, que Coxeter trabalhou por 60 anos. Hoje, H.S.M. Coxeter é considerado um dos mais eminentes promotores da geometria clássica e moderna no século XX.

Em 1938, quando Europa e Estados Unidos enfrentavam turbulência política, Coxeter estava calmamente recolhido no escritório de Toronto, cujas paredes eram cobertas com modelos matemáticos. Suas descobertas e teorias ultrapassaram os limites da matemática e tiveram grande impacto em outras áreas, como arquitetura e arte. Foi o trabalho de Coxeter com poliedros, como cubos e pirâmides, e seus equivalentes de dimensões superiores, chamados politopos, que pavimentou o caminho para a descoberta da molécula C_{60}, cuja forma lembra a de uma bola de futebol.[5]

O famoso domo geodésico, projetado pelo arquiteto americano Buckminster Fuller e construído para marcar a Expo 67, a Feira Mundial de Montreal, é uma das construções que fazem uso das descobertas de Coxeter.[6] Basta olhar como os milhares de triângulos que formam o domo foram montados para entender que esta construção é totalmente baseada na pesquisa preparatória de Coxeter.

---

[5] O trabalho de Coxeter permitiu que os cientistas Harold Kroto, Robert Curl e Richard Smalley desenvolvessem a pesquisa que, posteriormente, lhes deu o Prêmio Nobel de Química de 1996.

[6] A molécula C_{60} agora é conhecida como a "bola de Bucky", por sua semelhança com o domo geodésico de Buckminster "Bucky" Fuller.

Também dotado de talentos artísticos, particularmente para música, Coxeter foi, ao longo de toda a vida, fascinado pela incrível beleza da matemática. Sua colaboração com o artista gráfico holandês M.C. Escher resultou em uma das mais interessantes e frutíferas parcerias entre ciência e arte da história. Na época em que conheceu Coxeter, Escher encontrava-se já extremamente cansado da rotina de colocar peixes e mais peixes ao lado de pássaros e outros pássaros em uma tela virgem. Ele desejava fazer algo diferente e esperava, na verdade, nada mais nada menos que representar o infinito. Em 1954, o Congresso Internacional de Matemáticos decorreu em Amsterdã e foi aí que Coxeter e Escher foram apresentados um ao outro. Os dois homens desenvolveram uma amizade que duraria a vida inteira. Logo após, Coxeter enviou um de seus artigos sobre geometria ao novo amigo, para que este pudesse lê-lo e, talvez, comentá-lo. Apesar da total falta de conhecimentos matemáticos, Escher ficou tão impressionado com os desenhos que ilustravam a matemática que começou, imediatamente, a criar uma série de gravuras intitulada "*Circle Limit I-IV*" [Limite Circular I-IV]. Ao emoldurar formas por círculos e quadrados e, então, gradualmente diminuir suas dimensões à medida que se aproximavam das molduras, Escher alcançou o objetivo desejado: havia representado o infinito.

Coxeter tinha consciência de ser privilegiado e creditava a longa vida ao amor pela matemática, à dieta vegetariana, aos exercícios diários de 50 flexões de uma só vez e à grande devoção à matemática. Como disse a um colega, nunca esteve aborrecido e foi "pago para fazer o que amava".

Coxeter estava agendado para abrir a sessão plenária do Festival de Simetria, programado para agosto de 2003, em Budapeste, Hungria. Em fevereiro deste ano, aos 96 anos e ainda ávido por trabalhar, Coxeter escreveu aos organizadores informando-lhes que gostaria muitíssimo de participar do evento, caso ainda estivesse vivo. "*Deo volente.*" E apresentaria uma palestra sobre "regularidade absoluta". Deus quis que as coisas fossem diferentes. Apenas algumas semanas após escrever a carta, no dia 31 de março de 2003, Coxeter faleceu tranqüilamente em sua casa, em Toronto.

18

Presente de Deus para a ciência?

Em um belo dia de primavera, em maio de 2002, o físico inglês Stephen Wolfram estava, finalmente, pronto para apresentar seu livro *A New Kind of Science* [Um novo tipo de ciência] ao mundo. A publicação do livro era esperada há bastante tempo, tendo sido, nos três anos anteriores, anunciada e adiada diversas vezes. Alguns meses antes de sua efetiva publicação, o livro foi aclamado por uma resenha como um trabalho desbravador, que teria relevância mundial. Por acaso, essa resenha foi, assim como o livro, publicada pela editora do próprio Wolfram. Se você acredita nas declarações de um autor ou tem simpatia por notícias divulgadas por empresas de relações públicas, então você deveria considerar este livro no mesmo patamar do *Principia*, de Isaac Newton,* e de *A origem das espécies*, de Charles Darwin. Uma pessoa pode ser perdoada por pensar que o autor não teria qualquer pudor em comparar seu livro com a Bíblia Sagrada.

---

* *Philosophiae Naturalis Principia Mathematica* [Princípios matemáticos da filosofia natural], comumente referido como *Principia*, publicado por Newton em 1687, e *A origem das espécies* [*The Origin of Species*, no original], publicado por Darwin em 1859, são reconhecidos como dois dos mais importantes e influentes livros científicos já escritos. (N.T.)

Levando em conta o estardalhaço que acompanhou seu lançamento, não é surpresa o fato de *A New Kind of Science* ter se tornado o livro mais vendido pela Amazon.com* e ter se mantido nessa posição por algumas semanas. O volume de dois quilos e meio é composto por cerca de 1.197 páginas, nada fáceis de ser digeridas. O leitor audaz rapidamente se dá conta de que a intenção de Wolfram era, na verdade, virar todo o corpo da ciência de cabeça para baixo. Em seu livro, Wolfram apresenta soluções para uma variedade de temas, incluindo, para citar somente alguns, a segunda lei da termodinâmica, as complexidades da biologia, as limitações da matemática e o conflito entre livre-arbítrio e determinismo. Em resumo, o livro é aclamado como nada menos que a resposta definitiva para todas as questões, sem qualquer exceção, com as quais gerações de cientistas lutaram, muitas vezes em vão. No prefácio de *A New Kind of Science*, o autor diz que o livro redefine praticamente todos os ramos da ciência. Isto é o que Stephen Wolfram pensa ou, pelo menos, quer que nós pensemos.

Quem é este homem tão convencido de seus dotes quase divinos? Stephen Wolfram nasceu em Londres, em 1959, em uma família abastada. Seu pai era romancista e sua mãe professora universitária de filosofia. O adolescente foi enviado ao internato de Eton**. Lá, na tenra idade de 15 anos, Stephen escreveu seu primeiro trabalho de física, que foi prontamente aceito para publicação em uma conceituada revista científica. Para seguir a tradição da

* Livraria virtual pioneira e muito conhecida da internet. (N.T.)

** Tradicional colégio onde estudam filhos da família real, da nobreza e das elites econômica, social e política da Grã-Bretanha. (N.T.)

elite acadêmica britânica, Wolfram ingressou na Universidade de Oxford, onde se graduou aos 17 anos — idade em que outros jovens estão apenas iniciando seus estudos para o vestibular. Aos 20 anos, além de ter concluído o doutorado no Instituto de Tecnologia da Califórnia (CalTech), já possuía uma lista de publicações com quase uma dúzia de artigos.

Dois anos mais tarde, em 1981, Wolfram recebeu uma bolsa da Fundação MacArthur, foi o mais jovem agraciado com esse prêmio. Comumente conhecidas como o "prêmio dos gênios", essas bolsas, outorgadas a pessoas excepcionais que demonstram capacidade de trabalho original, oferecem a cientistas uma completa independência financeira por um período de cinco anos. Por razões ligadas a direitos autorais e leis de patentes, Wolfram, um tanto quanto irascível, tem um desentendimento com o instituto CalTech e se transfere para o Instituto para Estudos Avançados (IAS) da Universidade Princeton, em Nova Jersey. Nessa época, seus interesses abrangiam cosmologia, partículas elementares e ciência da computação.

Por fim, ele se deparou com um tema que proveria a base para sua atual e — caso você creia na máquina de relações públicas de Wolfram — revolucionária descoberta: autômatos celulares*. Anos antes, na década de 1940, o legendário John von Neumann, um dos predecessores de Wolfram no IAS, teve uma idéia sobre autômatos celulares. Mas isto foi passageiro e ele logo perdeu inte-

* De forma muito simplificada, um autômato celular é um sistema dinâmico de unidades programáveis, cujas regras de evolução dependem da vizinhança. (N.T.)

resse no assunto. Na verdade, o artigo de von Neumann sobre este tema somente foi publicado após sua morte. Ninguém se interessou pela idéia. O tema havia sido praticamente esquecido.

Então, nos anos 1970, no outro lado do oceano, John Conway, um matemático da Universidade de Cambridge, na Inglaterra, desenvolveu um protótipo de autômato celular, disfarçado como um jogo de computador chamado "*The Game of Life*" [O jogo da vida]; na verdade, não apenas um jogo, mas um conceito. "*Life*" usa uma grade que lembra um tabuleiro de xadrez, com a diferença que os quadrados pretos e brancos não são necessariamente alternados, mas distribuídos de forma aleatória. Os quadrados podem ser interpretados como a população inicial de uma colônia de bactérias. A forma de procriação da população é determinada por umas poucas regras elementares. Algumas bactérias sobrevivem, outras morrem e outras se desenvolvem.

Apesar de regras extremamente simples — como "se a bactéria tiver mais de três vizinhos, morre" — determinarem a sobrevivência e reprodução, os acontecimentos no tabuleiro de xadrez nada têm de simples. Padrões complexos de população se desenvolvem, com a morte de algumas colônias, o surgimento de outras, ao que parece, do nada, e outras continuamente oscilando entre dois ou mais estados. Há, ainda, colônias que meramente se esfacelam, até que sobrem apenas algumas pequenas ilhas. O que é tão surpreendente é o fato de que um reduzido número de regras baste para gerar um enorme número de diferentes e variantes fenômenos e conseqüências. Quando a revista *Scientific American* publicou um artigo sobre "*Life*", o jogo se tornou tão popular que, de acordo com uma estimativa, mais tempo de processamento computacional foi gasto com ele que com qualquer outro programa de computador. O jogo cativou uma multidão de adeptos.

Stephen Wolfram não foi exceção. Mas ele não desperdiçava seu tempo com *"Life"*. Ele foi um passo além. Submetendo o jogo a rigorosos testes analíticos, ele catalogou os padrões que se desenvolviam. Seu artigo intitulado *"Statistical Mechanics of Cellular Automata"* [Mecânica Estatística de Autômatos Celulares], publicado em 1983 na revista *Review of Modern Physics*, ainda hoje é considerado o melhor texto introdutório ao tema de autômatos celulares.

Na época, Wolfram tinha completado 24 anos e ainda seguia a carreira acadêmica, tendo se transferido do IAS para a Universidade de Illinois. Estava convencido que seu trabalho era o início de algo que renovaria o interesse público por autômatos celulares. Mas somente poucos de seus colegas se interessaram pelo tema e Wolfram — aparentemente incapaz de viver sem elogios e reconhecimento públicos — ficou muito decepcionado. Entretanto, Wolfram não era de poucas idéias e abraçou uma nova carreira. Tornou-se empresário.

Obviamente, Wolfram não estava despreparado para se aventurar na área de gerência empresarial. Durante seus anos como cientista, ele havia desenvolvido um pacote de software que efetuava matemática simbólica: ou seja, o software não somente realizava cálculos numéricos, mas também manipulava equações, apresentava soluções de complicadas integrais e fazia várias outras coisas interessantes. Em apenas dois anos, ele transformou o software em um produto comercial e o lançou com a marca "Mathematica". O sucesso foi imediato. Atualmente, há cerca de 2 milhões de profissionais — engenheiros, matemáticos e empresários — espalhados por universidades e grandes corporações que usam "Mathematica". Graças a esse inovador e largamente utilizado pacote de software científico comercial, a Wolfram, Inc., uma firma com aproximadamente 300 empregados, ainda prospera hoje em dia.

A fortuna recém-conquistada por Wolfram deu-lhe a independência para retornar ao trabalho científico. Nos 10 anos seguintes, ele dedicou cada uma de suas noites à pesquisa. Ele estava totalmente convencido que a grade com seus pequenos quadrados pretos guarda a chave dos segredos do universo. Wolfram estava convencido de ter encontrado as respostas para todos os segredos da vida.

Não é incomum que cientistas da natureza creiam que todos os fenômenos da física, biologia, psicologia e evolução possam ser explicados através de modelos matemáticos. Wolfram não era uma exceção. Entretanto, ele acreditava que nem sempre era possível explicar os fenômenos por meio de fórmulas, onde basta inserir variáveis e parâmetros em posições apropriadas. Ao contrário, ele argumentava que os fenômenos poderiam ser explicados por meio de uma série de simples operações aritméticas — chamadas de algoritmos — repetida muitas e muitas e muitas vezes. Entretanto, não é comum que os resultados intermediários gerados por um algoritmo permitam predizer o resultado final. Este surge meramente deixando que o algoritmo siga seu curso.

Ao observar resultados de algoritmos que simulam autômatos celulares, Wolfram descobriu que estes imitavam padrões encontrados na natureza. Por exemplo, o desenvolvimento de certos autômatos celulares é semelhante ao desenvolvimento de cristais ou à emergência de turbulência em líquidos ou à geração de rachaduras em materiais. Portanto, ele argumenta, mesmo elementares programas de computador podem simular as características de qualquer tipo de fenômeno. A partir daí, basta um pequeno passo — pelo menos para Wolfram — para explicar a criação do mundo: uns poucos cálculos, repetidos milhões ou bilhões de vezes, reproduziriam toda a complexidade do universo. Esta tese, que ele defende no livro, é incrivelmente simples e, ao mesmo tempo, muito decepcionante: autômatos celulares podem explicar *todos* os padrões da natureza.

Ao longo dos anos de pesquisa noturna, Wolfram conseguiu simular um crescente número de fenômenos naturais com autômatos celulares. Algumas vezes, ele teve de experimentar milhões de versões até obter a simulação adequada. Mas, por fim, sempre funcionava, fosse aplicada à termodinâmica, mecânica quântica, biologia, botânica, zoologia ou mercados financeiros. Wolfram afirmou que até mesmo o livre-arbítrio dos humanos era o resultado de um processo que pode ser descrito por autômatos celulares. Ele estava convencido que regras comportamentais extremamente elementares — semelhantes às de autômatos celulares — determinam o funcionamento de neurônios em nossos cérebros. Padrões aparentemente elaborados de pensamento emergem da repetição de tais padrões comportamentais por bilhões de vezes. Portanto, o que, até aqui, consideramos como inteligência é, em princípio, não mais complexo que o clima. Ele também postulou que um conjunto de cálculos muito simples reproduziria nosso universo em seu último e mais ínfimo detalhe. Para obter tal resultado, bastaria executar o algoritmo por um intervalo de tempo suficientemente longo.

Ao longo dos anos, Wolfram trabalhou totalmente por conta própria, compartilhando suas idéias com somente alguns poucos colegas nos quais confiava. Isto trouxe tanto vantagens como desvantagens. Por um lado, Wolfram não corria o risco de se expor a qualquer crítica ou, o que seria ainda pior, ao ridículo. Por outro lado, ninguém poderia comprovar suas propostas ou sugerir melhorias. Mas Wolfram trabalhou bem. Após ler cerca de 1.200 páginas, mesmo o mais cético dos leitores será convencido que autômatos celulares são capazes de simular, extremamente bem, padrões de inúmeros fenômenos naturais.

Mas será que isto significa que autômatos estão, de fato, na origem dos padrões observados na natureza? Não, nem mesmo com um grande esforço de imaginação. Não é, de modo algum, aceitável deixar que analogias e simulações ajam como substitutos para a prova científica. Se, por exemplo, visitarmos o Museu de Cera de Madame Tussaud e pararmos diante de uma estátua que tem a aparência exata de Elvis Presley, devemos concluir que Elvis Presley era feito de cera? Certamente que não. Wolfram discordaria disto. Para ele, tudo se trata de uma questão do que é exigido de um modelo. Segundo seu ponto de vista, um modelo será bom se for capaz de descrever as características mais importantes de um fenômeno natural. Até mesmo fórmulas matemáticas provêem somente descrições do fenômeno observado, não oferecendo explicações para eles, argumenta ele. Se a característica mais importante de Elvis for sua aparência, então a figura de cera pode, para todas as intenções e propósitos, ser considerada um bom modelo, afirma Wolfram.

Se tais argumentos convencerão outros cientistas, resta ser comprovado. Mas Wolfram não se importa com isto. Ele pretende que seu livro seja lido pelo grande público, não apenas por um grupo seleto e, com tal objetivo, ele faz um ótimo trabalho — especialmente por sua bem azeitada máquina de publicidade.

19

Vice-presidente de imagenharia

Daniel Hillis não parece, nem de longe, alguém que acabou de ser declarado um dos ganhadores do "Prêmio Dan David", de 1 milhão de dólares. Entretanto, isto é exatamente o que aconteceu com este mundialmente respeitado cientista da computação e empresário. O prêmio é outorgado anualmente, na Universidade de Tel Aviv, em Israel, a alguns cientistas em reconhecimento por suas contribuições científicas ou técnicas. Hillis, um homem despretensioso e modesto, é um pensador excepcional e tem como amigos ganhadores do Prêmio Nobel, famosos cientistas e professores das mais renomadas universidades dos Estados Unidos.

Mesmo após observação detalhada, Hillis em nada se parece com um pesquisador, assim como também não parece ser um empresário. Sentado à sua frente enquanto o entrevistava para o jornal suíço *Neue Zürcher Zeitung* em maio de 2002, me veio à mente a imagem de uma criança grande, cuja face matreira e de sorriso contínuo tem um efeito contagiante. Instintivamente, dá vontade de compartilhar seu óbvio bom humor. Confortavelmente sentado em uma das elegantes poltronas de couro do salão VIP do Hotel Hilton de Tel Aviv, esse eminente ganhador de prêmios, que detém nada menos que 40 patentes, parece à vontade consigo próprio e com o mundo.

Vestido de jeans, camisa de gola aberta e tênis, Hillis prende o cabelo ralo em um rabo de cavalo. Ele tem o ar indiferente de um verdadeiro gênio, um destes indivíduos brilhantes que, sem esforço, têm a mais engenhosa das idéias enquanto relaxam na lanchonete da universidade. Não é difícil imaginar este homem despretensioso ainda garoto, sentado no tapete do quarto, consertando seus robôs. Outras comparações vêm à mente: o Professor Pardal de Walt Disney, que encantou crianças mundo afora com suas invenções impossíveis, ou Q, o criador dos incríveis acessórios de James Bond.

Entretanto, Daniel Hillis está bem crescido agora. Não está sentado no quarto, brincando com robôs, nem circulando por aí em um carro de bombeiro. Está, com efeito, conversando animadamente com Sydney Brenner, renomado cientista e professor do Instituto Salk para Estudos Biológicos, um dos outros ganhadores do Prêmio Dan David. O cientista parece não ter qualquer problema em levar muito a sério essa criança grande.

Na verdade, praticamente todo mundo leva Daniel Hillis a sério. Não é difícil entender por quê. Hillis foi o desbravador projetista da legendária "Máquina de Conexão", o computador que incorporava e conectava 65.536 processadores e era, assim, capaz de atingir velocidades de computação nunca vistas. No trabalho com este computador, Hillis encontrou problemas de enormes proporções que, até então, eram considerados insolúveis. Isto se devia ao fato de que os 65.536 chips tinham de funcionar em paralelo, enquanto os cientistas acreditavam, até ali, que só podiam fazê-lo em máquinas seriais. Na época, Hillis ainda estudava no Instituto de Tecnologia de Massachusetts (MIT) e inspirou-se na arquitetura do cérebro ao inventar a Máquina de Conexão. Há, contudo, diferenças significativas. Por um lado, o número de chips é ainda muitas e muitas ordens de grandeza menor que o número de neurônios no cérebro. Por outro lado, a velocidade com que os chips do computador se comunicam entre si é muitas e muitas ordens de grandeza maior que as velocidades com que os neurônios disparam. Mas Hillis, que tinha uma orquestra de 65.536 peças que devia fazer tocar ao ritmo da batuta do maestro, sabia como superar todos os obstáculos. A Máquina de Conexão tornou-se não apenas comercialmente viável, mas também, convenientemente, o tema de sua tese de doutorado.

Um dia, em 1986, Hillis, a eterna criança, achou que era tempo de tirar uma folga da rotina diária na Thinking Machines, a firma que fundou, alguns anos antes, para desenvolver a Máquina de Conexão. Sem mais delongas, foi para o Disney World, em Orlando. Sentado feliz em frente ao castelo da Branca de Neve, começou a escrever a tese de doutorado. Isto se tornaria um hábito. Diariamente, dirigia-se a um parque temático, encontrava um local calmo, sentava-se confortavelmente e escrevia capítulo após capítulo da dissertação.

As idéias pioneiras de Hillis sobre computação paralela despertou interesse até mesmo fora do mundo acadêmico da ciência da computação. Foi o mundo comercial que ficou, especialmente, fascinado pela inovação. Ao fim, 70% das máquinas foram vendidas. No entanto, não foi simples. A complexa arquitetura da Máquina de Conexão em muito dificultava e encarecia o desenvolvimento de software dedicado. É bem sabido que, sem o software, o hardware vale menos que o cobre e silicone usados em sua fabricação. Assim, Hillis decidiu buscar novos rumos para a inovação.

A próxima parada foi na firma Walt Disney Imagineering,* tornando-se vice-presidente de pesquisa e desenvolvimento da companhia mãe de Mickey Mouse, um sonho que virou realidade. Lá, podia reviver ao máximo os sonhos da infância. A princípio, tencionava ficar apenas dois anos, mas tinha tanto prazer desenvolvendo tecnologias inovadoras para filmes, carrosséis e séries de TV que permaneceu um total de cinco anos. Entretanto, um dia, deu-se conta que os projetos nos quais vinha trabalhando talvez não fossem tão importantes e benéficos para a humanidade como havia originalmente esperado. Como não era um indeciso, apressou-se em mudar. Contudo, havia aprendido uma importante lição na Walt Disney Imagineering: o valor da arte de contar histórias na organização e comunicação de informação não devia ser subestimado. O método Disney de passar informação era muito mais eficiente que os métodos empregados por engenheiros.

Portanto, não é surpresa alguma o fato de que isto é exatamente o que a Applied Minds, a firma fundada por Hillis em seguida, definiu como uma de suas tarefas principais: passar informação ao público de uma maneira que possa ser facilmente absorvida. Juntamente com um cineasta e uma equipe de 30 cientistas e engenheiros, a Applied Minds ativamente inventa "coisas". Como principal executivo, Hillis não pode, obviamente, revelar exatamente que coisas a Applied Minds pretende oferecer ao mercado. Isto ainda é segredo industrial, sussurra ele. Com um sorriso misterioso, apenas diz não querer mais construir computadores mais inteligentes.

---

* O termo *imagineering* resulta da combinação das palavras inglesas *imagination* e *engineering*, imaginação e engenharia. Pode, portanto, ser traduzido como *imagenharia*. (N.T.)

Agora, quer tornar os humanos mais inteligentes. E acrescenta que as coisas nas quais a firma está trabalhando não devem ser apenas funcionais, mas também esteticamente atraentes. Adicionalmente, devem ter o potencial para mudar o mundo. Só isso. Os projetos que mais ama, Hillis revela, são aqueles que combinam problemas de hardware, software, mecânicos e eletrônicos. Ele e a firma desenvolvem idéias e construirão protótipos. As mundanas tarefas de produção e venda serão deixadas para os profissionais. Palavras modestas do cientista de rabo-de-cavalo que, casualmente, também trabalha como conselheiro junto ao governo dos Estados Unidos.

O que fará com o dinheiro do Prêmio Dan David? Hillis pretende doar parte a uma organização sem fins lucrativos, e reservará a maior parte para uma fundação que financia um de seus outros projetos, a construção de um relógio mecânico de 10.000 anos. Alguns anos antes, Hillis, eternamente nutrindo a criança interior, ocupou-se com a extravagante idéia de construir um relógio que durasse pelo menos 10.000 anos e soaria um gongo uma vez a cada milênio. O propósito era encorajar as pessoas a pensar a longo prazo e estender o sentido de tempo, explica Hillis.*

Considerando que nossa civilização é relativamente jovem, as implicações de longo prazo deste projeto são assombrosas. Será que alguém ainda saberá o que é um relógio daqui a 10.000 anos

* Em 1993, Hillis descreveu este projeto da seguinte forma: "Penso que é hora de embarcarmos em um projeto de longa duração, que leve as pessoas a pensar além da barreira mental do milênio. Gostaria de propor um grande relógio mecânico, movido pelas variações sazonais de temperatura. O relógio dará um tique por ano, soará uma vez por século e o cuco aparecerá uma vez a cada milênio." (N.T.)

ou, até mesmo, o que significa medir o tempo? Haverá alguém capaz de fazer manutenção no mecanismo do relógio ou, quem sabe, de ler o manual de instruções? O que a princípio parecia um projeto bastante inocente, tornou-se, de repente, uma tarefa de imensas proporções. A construção pretendia não apenas ressaltar os problemas tecnológicos, mas também forçar os construtores e espectadores a focar aspectos relativos a antropologia, nossa história natural, e a filosofia.

O primeiro protótipo operacional desse relógio mecânico está já montado e funcionando, exposto no Museu da Ciência de Londres. Os engenheiros terminaram o trabalho apenas algumas horas antes da meia-noite do dia 31 de dezembro de 1999, com pouco tempo para que Hillis pudesse testemunhar o momento mais excitante da empreitada. Ele pretendia ver com os próprios olhos o mecanismo de contagem de tempo pular de 01999 para 02000. Contudo, as coisas quase deram totalmente errado. Faltando apenas seis horas para o evento histórico, um dos colegas de Hillis notou que a fonte de energia do anel que mostrava os séculos havia sido ligada ao contrário. Se o erro não tivesse sido descoberto, o momento mais crucial do primeiro milênio de operação do relógio teria sido um fiasco: o mostrador passaria de 01999 para 02800. Febrilmente, os engenheiros trabalharam literalmente até o último minuto para consertar as coisas. Então, ao badalar da meia-noite, dois estalos graves soaram e o indicador de datas na face do relógio passou obedientemente de 01999 para 02000.

Hillis pensa em usar parte do dinheiro do Prêmio Dan David para construir um relógio de 10.000 anos em Jerusalém. Ele é fascinado pela óbvia conexão da Cidade Santa com o passado e o futuro e, talvez ainda mais, pelo desafio de adicionar os calendários judeu, muçulmano e cristão ao relógio.

Quase no fim da entrevista, Hillis volta, repentinamente, aos tempos de estudante, tira um caderno do bolso e começa a rabiscar uma equação. Esta equação representa um teorema matemático que, recorda ele maliciosamente, demonstrou nos tempos de MIT, apesar das sérias dúvidas expressas pelo professor. Este professor, um mundialmente renomado especialista em análise combinatória, teve de admitir que o aluno estava certo. Um quarto de século se passou deste então e Hillis, agora ganhador de um prêmio de um milhão de dólares e sentado no salão VIP de um luxuoso hotel, solta gargalhadas ao recordar os feitos daquela época. O puro prazer de ter resolvido um difícil enigma matemático e provado que o professor estava errado ainda está visível em sua face até hoje.

20

O APOSENTADO REBAIXADO

Ernst Specker é professor emérito de matemática no Instituto Federal de Tecnologia (*Eidgenössische Technische Hochschule* ou ETH), em Zurique, Suíça, e acabou de celebrar seu 82º aniversário. Entretanto, este homem vivaz, embora ligeiramente curvado, continua tão perspicaz e lúcido como no final da década de 1960, quando o autor deste livro assistia suas aulas de álgebra linear. Contudo, Specker não se sente muito confortável com o termo "emérito". Com saudável bom senso, comenta que isto apenas adorna a real natureza da situação. Na verdade, prossegue ele com um brilho nos olhos, considera-se rebaixado, pois, sempre que quer dar uma aula ou organizar um seminário matemático, necessita pedir permissão à universidade. Este comentário mostra, entretanto, que o rebaixamento, ocorrido há cerca de 15 anos, em nada diminuiu seu entusiasmo pelo trabalho. Praticamente, desde sua aposentadoria, nenhuma semana se passou sem um de seus famosos seminários sobre lógica. Contudo, um dia, ao final do ano letivo de 2001-2002, tudo terminou para sempre: a série de seminários, apresentada pela primeira vez em Zurique há uns 60 anos, não mais seria incluída no calendário acadêmico. Decisão dos altos escalões.

Specker é um homem de grande gentileza, afabilidade e bom humor, uma característica que diversos alunos de várias parte do mundo podem atestar, com base nos exames orais que fizeram no ETH. Qualquer estudante, engasgado com uma resposta errada e sem saber como prosseguir, seria um felizardo se tivesse Specker como examinador. *Herr Professor* dava sugestões e palpites até que o mais nervoso dos candidatos não podia deixar de esbarrar com a resposta correta.

Como matemático, Specker era um dos mais cultos, sempre pronto para explorar novas e, até mesmo, estranhas idéias. Um dos exemplos que este repórter pode confirmar está ligado às aulas de álgebra linear. O professor costumava ficar de pé na sala de aula e, com giz na mão, discorria sobre sistemas de equações lineares e matrizes, enquanto se ocupava de cobrir o velho quadro-negro com equações e fórmulas. Não demorava muito e não tinha mais espaço no quadro. Ele apagava tudo e repetia o processo. E assim era, semana após semana: escreve, apaga, escreve, apaga. Por fim, Specker se cansou e buscou um modo diferente de apresentar o assunto à turma. Teve o que achou ser uma grande idéia: após preencher o quadro com giz branco, recorria a giz amarelo. Sem apagar qualquer coisa, simplesmente continuava a escrever sobre as equações brancas com o giz amarelo, lembrando aos alunos que ignorassem a escrita em giz branco e apenas prestassem atenção ao que estava em amarelo. Como esperado, em pouco tempo um caos inacreditável cobria o quadro-negro. Obviamente, como verdadeiro matemático que era, Specker logo se deu conta que a inovação era inútil. Anunciou que desistia da idéia, e um suspiro de alívio pôde ser ouvido na sala de aula.

Quando jovem, Specker sofreu de tuberculose e teve de passar parte da infância em Davos, uma cidade nos Alpes suíços conhecida pelo clima seco e puro. Lá, estudou em uma escola particular, até mudar-se para Zurique, para fazer o ensino médio. Specker não tinha a menor dúvida que seguiria os passos do pai e faria carreira em direito. Logo, no entanto, ele deu-se conta que o estudo jurídico não o satisfazia. Ele não gostava da forma como os advogados buscavam a verdade. Por outro lado, a forma como os matemáticos investigavam e forneciam provas o fascinava. Assim, em 1940, iniciou os estudos no ETH. Em 1949, aos 29 anos, Specker foi convidado para passar um ano no Instituto para Estudos Avançados da Universidade Princeton, em Nova Jersey. Nessa legendária instituição, Specker conheceu luminares como Kurt Gödel, Albert Einstein e John von Neumann.

No outono de 1950, Specker retornou à Suíça e, imediatamente, foi convidado para o ocupar o cargo de professor assistente no ETH; cinco anos mais tarde, foi promovido ao cargo de professor titular. Foi nessa época que fez uma descoberta revolucionária: o chamado Axioma da Escolha não é válido na teoria formalizada de conjunto do filósofo da Universidade Harvard, Willard Van Orman Quine. Sem ser uma surpresa, esse resultado teve grande impacto e Specker prontamente recebeu um convite para o cargo de professor titular na Universidade Cornell, em Ithaca, Nova York.

Como um matemático tem a inspiração para chegar à solução de um problema investigado há anos e anos? A resposta de Specker é que isto não pode ser previsto. Uma idéia pode surgir de repente, sem mais nem menos, no meio do banho ou enquanto se faz a barba. No entanto, é importante — e ele estica o dedo para enfatizar o que diz — estar completamente relaxado. Tensão, ele insiste, é contraproducente. E mais uma coisa: nunca se deve ficar frustrado por um início falho. Muitas vezes, Specker enfatiza, um início falho contribui para pesquisa adicional ou, até mesmo, forma a base da pesquisa.

Specker recusou o convite da Universidade Cornell, pois sua família preferia permanecer na Suíça. Mas o fato de haver recebido convite de uma universidade tão prestigiada dos Estados Unidos teve repercussões locais. A instituição da cidade natal de Specker, o ETH, percebeu que ele era um profissional extremamente valioso e que merecia ser bem tratado. Os administradores o liberaram dos maçantes cursos introdutórios que ele, como todos os professores de matemática, tinha de dar aos estudantes de engenharia e permitiram que ele se dedicasse aos temas de seu interesse pessoal. Ao longo dos 50 anos seguintes, Ernst Specker fez revolucionárias contribuições aos campos da topologia, álgebra, análise combinatória, lógica, fundamentos da matemática e teoria de algoritmos.

Um dia, o famoso matemático húngaro Paul Erdös fez uma visita a Zurique e Specker escreveu um artigo com ele. Essa publicação rendeu-lhe um cobiçado "número Erdös 1". Cerca de 500 matemáticos ao redor do mundo receberam esta honra. O número Erdös evoluiu porque o matemático húngaro colaborou com um número de colegas sem precedentes. Para ter um número Erdös 1, um matemático deve ter publicado um artigo com Erdös. Para receber o número 2, ele ou ela deve ter publicado com alguém que, por sua vez, publicou com Erdös, e assim por diante. Specker, sempre o matemático, imediatamente traduziu isto em uma fórmula: cada autor que publica um artigo com um autor que possui o número Erdös n automaticamente recebe o número Erdös $n + 1$.

Assim que Specker se tornou um membro do exclusivo clube de matemáticos com um número Erdös 1, imediatamente se viu alvo de um grande número de matemáticos pedindo para escrever artigos com ele. Isto, automaticamente, daria a eles a honra de um cobiçado número Erdös 2. (Há cerca de 4.500 matemáticos com um número Erdös 2.)

Freqüentemente, perguntam a Specker o que a lógica pode oferecer às pessoas na vida diária. Obviamente, pode ajudar a decidir se e quando uma resposta está correta, ele responde. Mas há outras aplicações, como lingüística ou ciência da computação, que se tornaram ramos formais da ciência apenas após passarem pela formalização da lógica.

Um exemplo pertinente seria a questão se existe um programa de computador que pode testar outros programas, assim como ele próprio, para verificar se estão corretos. Graças à lógica, a resposta é clara: não existe tal programa. Há, ainda, as questões que tratam da complexidade de um problema: é útil, por exemplo, saber que é possível resolver um problema, mas que seria necessário um tempo infinitamente longo (pelo menos, alguns bilhões de anos) para efetivamente calcular a solução? Finalmente, mesmo questões que aparecem em física podem ser respondidas com base na argumentação lógica. Por exemplo, junto com Simon Kochen, da Universidade Princeton, Specker provou, puramente com base na lógica, que as chamadas variáveis escondidas não podem existir na mecânica quântica. Desta forma, não podem, como Einstein esperava, explicar certos fenômenos da mecânica quântica.

Specker continua a dar aulas e a participar de colóquios ao redor do mundo, mas sua família vem na frente. Ele adora estar com os oito netos e se lembra com prazer de um almoço recente que teve com uma das netas. Passou horas muito agradáveis conversando com ela sobre matemática e isto, recorda com um sorriso feliz, foi "uma experiência verdadeiramente maravilhosa".

21

Um grande mestre se torna professor visitante permanente

Quando se procura o grande mestre da matemática suíça, o nome de Beno Eckmann vem à mente. Aos 87 anos, Eckmann é um professor visitante permanente no *Eidgenössische Technische Hochschule* (ETH). Apesar do status de emérito, dado a ele há cerca de 20 anos, continua ativo como sempre.

Eckman cresceu na cidade de Berna, a capital de Suíça. Foi um garoto feliz, que achava a vida escolar bem agradável, mas tinha prazer especial com as aulas de matemática. Entretanto, não demonstrou, quando jovem, qualquer sinal de querer fazer da matemática a sua profissão. Na verdade, os professores o aconselhavam a não seguir este caminho, pois, segundo eles, tudo que poderia ser revelado no campo da matemática já tinha sido descoberto. Além disso, diziam ao jovem Eckmann, a matemática oferecia poucas perspectivas de carreira.

Apesar de tais avisos, em 1935, Eckmann decidiu seguir sua vocação e matriculou-se em física e matemática no ETH, em Zurique. Repentinamente, um novo mundo se abriu para ele. Lá, um dos mais avançados institutos científicos do mundo, lecionavam alguns dos mais famosos cientistas. Entre eles, Wolfgang Pauli, o futuro ganhador do Prêmio Nobel de Física, e o matemático alemão Heinz Hopf. Estes professores tomaram como missão cuidar do pequeno grupo de alunos de matemática. Na época, Hopf, que havia emigrado da Alemanha em 1931, era o principal matemático que trabalhava com topologia, uma área ainda recente que trata das estruturas de espaços de dimensões superiores. Eckmann tinha consciência da grande oportunidade que se apresentava e a agarrou com as duas mãos. Pediu, então, ao eminente matemático que o orientasse e guiasse em sua tese de doutorado. Esta tese foi julgada como excepcional, mesmo diante dos altos padrões do ETH, e Eckmann recebeu um prêmio.

A reputação de Eckmann logo ultrapassou as fronteiras de Zurique e, em 1942, foi convidado para uma cátedra de professor extraordinário na Universidade de Lausanne, na parte francófona da Suíça. No entanto, era uma época de guerra e a Suíça estava sob ameaça. Sendo um patriota, o jovem professor não hesitou quando convocado para o serviço ativo, mas soube combinar com mestria o serviço militar — como vigia de artilharia — e as atividades acadêmicas. Duas semanas de aulas alternadas com duas semanas de serviço militar.

Após a guerra, Eckmann foi convidado para um período de dois anos como professor visitante no Instituto para Estudos Avançados (IAS) da Universidade Princeton, em Nova Jersey. Lá, conheceu Hermann Weyl e outros membros do que era considerada a mais importante associação de matemáticos e físicos — Albert Einstein, Kurt Gödel e John von Neumann. Einstein, nem é preciso dizer, estava em grande evidência. Era o superastro que todos queriam conhecer pessoalmente. Na verdade, o descobridor da teoria da relatividade estava cansado desse status de celebridade e da constante fila de visitantes. Entretanto, Eckmann parecia ser uma exceção aos olhos de Einstein e o velho senhor da física convidou-o para tomar um chá em casa. Talvez Einstein ainda tivesse carinho por Zurique e Berna, onde passou anos memoráveis e de onde vinha Eckmann. Mais provavelmente, a simpatia que teve pelo moço da Suíça era devida a sua cativante personalidade e a forma honesta e talentosa de fazer ciência.

O outro superastro do IAS, John von Neumann, era muito mais acessível, recorda Eckmann. Um discreto sorriso repousa em seus lábios quando se lembra das anedotas com que von Neumann regalava os amigos em Princeton, naquela época. (Em uma delas, um matemático, cuja paixão por carros velozes não combinava com sua habilidade na direção, viajava por uma estrada rural. "Aqui vou a 100 quilômetros por hora", von Neumann contava sério aos colegas, "quando, de repente, uma árvore dá um passo adiante e... bum.")

Em 1948, Eckmann assumiu uma cátedra no ETH, em Zurique. A lista de trabalhos publicados por ele consta de cerca de 120 artigos. A lista pode não parecer particularmente grande quando comparada com o que hoje é considerado o "portfólio" padrão de um matemático, mas os artigos são abrangentes e longos. Tratavam de temas que estavam em constante evidência, apontavam novas direções e ofereciam visões totalmente novas.

Entretanto, não é apenas a lista de publicações a responsável pela reputação de Eckmann. O que impressiona é o número de estudantes de doutorado orientados por ele. Mais de 60. Doutorandos que escolhiam Eckmann como orientador de tese eram particularmente impressionados por seu sempre inovador trabalho. Também eram atraídos pela forma humana e amigável como se comunicava com cada um deles. Não é surpresa que, após terem a fortuna de encontrar em Eckmann um professor modelo, metade de seus alunos de doutorado também se tornassem professores e oferecessem orientação adequada a seus próprios alunos. Uma árvore genealógica pendurada atrás deste octogenário magro e de boa forma lista nada menos que cinco gerações, com uma prole de mais de 600 doutores.

Eckmann foi sempre fascinado pelas conexões entre geometria, álgebra e teoria de conjuntos. Sempre procurava caminhos por entre problemas que já havia resolvido e que levassem a novos problemas matemáticos. Para um matemático pesquisador, relevância jamais deve ser um princípio norteador, Eckmann ressalta. Entretanto, algumas vezes pode-se chegar inesperadamente a uma aplicação para assuntos práticos. Para Eckmann, um exemplo disto é um trabalho teórico que publicou em 1954. Para sua completa surpresa, o resultado encontrou, quase meio século mais tarde, aplicação em economia.

A influência de Eckmann também fica patente em um projeto por ele iniciado em 1964. Na época, cientistas estavam em dúvida sobre como disseminar suas pesquisas. Isto foi antes da internet, e a publicação de novos resultados em revistas podia demorar meses ou, até mesmo, anos. Disseminação mais rápida de resultados era possível apenas ocasionalmente, em seminários ou conferências. Eckmann estava determinado a encontrar uma solução para esse insatisfatório estado de coisas. Um dia, teve uma idéia — a forma como resultados de amplo interesse poderiam ser publicados e distribuídos com baixo custo. Prontamente, compartilhou a idéia com um dos herdeiros de Julius Springer, fundador da famosa editora científica de mesmo nome, em Heidelberg. Na época, o herdeiro em questão, coincidentemente, estudava biologia em Zurique.

A idéia era bastante simples: apenas mimeografar os manuscritos, praticamente sem editá-los, encaderná-los e vendê-los pelo menor preço possível. Assim nasceu, em 1964, a série "*Lecture Notes in Mathematics*" [Apontamentos de matemática]. A série prestou um serviço valoroso à comunidade de matemáticos em todo o mundo e, graças à contínua supervisão e cuidado de Eckmann e um colega, agora acumula cerca de 1.800 volumes.

Eckmann nunca se esquivou das responsabilidades administrativas. Ele ainda acredita que professores têm a obrigação de dedicar-se também a tarefas administrativas em suas instituições, e não apenas à pesquisa. Nesse aspecto, sempre foi um bom exemplo. Um caso particularmente importante é o do instituto de pesquisa em matemática do ETH (*Forschungsinstitut für Mathematik*), fundado em 1964, que Eckmann dirigiu por 20 anos. Hoje, existem muitos destes institutos — por exemplo, em Barcelona e em Columbus, Ohio. Eckmann ainda mantém relações com alguns institutos que ajudou a fundar em Israel, especificamente, no Technion, em Haifa, na Universidade Hebraica de Jerusalém, na Universidade Bar Ilan, em Tel Aviv, e na Universidade Ben Gurion, em Beersheva.

Refletindo sobre a carreira em matemática, que se estende por quase 70 anos, Eckmann não pôde deixar de comentar como a disciplina mudou. Tal estado de movimento constante estimula não apenas a necessidade de abordagens e conceitos inovadores, mas também oportunidades para desenvolvê-los.

Sempre que começava a explorar uma nova idéia, era como se embarcasse em uma aventura. Otimismo alternava-se com decepção, até o momento em que, possivelmente, uma solução era obtida. É impossível descrever o sentimento que invade um cientista nessas ocasiões, diz Eckmann com certa nostalgia. Somente aqueles que tiveram a felicidade de viver isto sabem o que realmente significa.

V

Temas concretos e abstratos

22

NÓS E NÓS TRIVIAIS

Em 333 a.C., quando Alexandre, o Grande, cortou o nó górdio, certamente não prestou qualquer atenção aos detalhes matemáticos de seu (mal)feito. Da mesma forma, quando se trata de dar nós, escoteiros, montanhistas, pescadores ou marinheiros também não se preocupam com a alta matemática envolvida no processo. Apenas por causa de um erro é que cientistas foram forçados a prestar atenção aos nós. Isto foi o que aconteceu.

Próximo ao fim da carreira, o cientista escocês Lord Kelvin (1824-1907) acreditava que os átomos consistiam em finos tubos que se atavam uns aos outros e se moviam para lá e para cá no éter. A teoria de Kelvin foi largamente aceita por quase duas décadas, até que foi provado que estava errada. No entanto, nesse ínterim, a crença errônea levou Peter Tait (1831-1901), também um físico escocês, a classificar todos os nós possíveis. (Nós matemáticos são diferentes de seus primos mundanos, pois as duas extremidades são conectadas uma à outra. Ou seja, na teoria dos nós, nós sempre são laços fechados.)

Uma classificação superficial pode considerar relevante o número de cruzamentos de dois fios. No entanto, tal classificação não levaria em conta a possibilidade de dois nós de aparências diferentes serem iguais — isto é, que um deles poderia ser transformado no outro distendendo, entortando, esticando ou puxando os fios, mas sem cortá-los ou desatá-los. Assim, se um nó puder ser "deformado" em um outro, os dois são idênticos. Tait descobriu isto intuitivamente e tentou levar em conta, na classificação, apenas nós verdadeiramente diferentes. Estes nós, chamados de primários, não podem ser decompostos em outros.

Contudo, a classificação de Tait não estava livre de erros, como Kenneth Perko, um advogado de Nova York, descobriu em 1974. Trabalhando no piso da sala, ele conseguiu transformar um nó de 10 cruzamentos em um outro que havia sido listado por Tait como diferente.

Atualmente, sabemos que existe apenas um nó de três cruzamentos, um outro de quatro cruzamentos e dois de cinco cruzamentos. Ao todo, há 249 nós de até 10 cruzamentos. Acima disto, o número de possibilidades cresce rapidamente. Há pelo menos 1.701.935 nós diferentes de até 16 cruzamentos.

A questão central na teoria de nós matemáticos era, e continua sendo, se dois nós são diferentes ou se um pode ser transformado no outro sem se cortar ou reatar o fio. A transformação deve ser feita por meio de três manipulações simples, descobertas pelo matemático alemão Kurt Reidemeister (1893-1971). Uma questão relacionada é se um tufo que parece um nó é, na verdade, um "nó trivial", porque pode ser desfeito por meio dos movimentos de Reidemeister. O bem conhecido e velho truque dos mágicos, que miraculosamente desatam um emaranhado de fios de aparência complicada sob os aplausos da platéia encantada, é, obviamente, baseado em um "nó trivial".

Desde então, os matemáticos têm-se ocupado procurando traços característicos, os chamados invariantes, que podem ser atribuídos, claramente e sem ambigüidade, aos vários nós, tornando-os, assim, distinguíveis uns dos outros. James Alexander (1888-1971), trabalhando no IAS, na Universidade Princeton, descobriu polinômios (veja a nota de rodapé no capítulo 8) adequados à classificação de nós. Se os polinômios forem diferentes, os nós correspondentes serão diferentes. Infelizmente, logo se percebeu que o contrário acontecia: nós diferentes podem ter polinômios idênticos. Outros matemáticos desenvolveram diferentes sistemas de classificação e outros ainda buscam uma receita funcional de como converter nós idênticos de uma forma a outra equivalente.

Será que isto é realmente relevante para qualquer um que não seja escoteiro, montanhista, pescador ou marinheiro? A teoria dos nós é um exemplo de tema matemático que foi desenvolvido antes que aplicações fossem ao menos consideradas. Com o tempo, no entanto, surgiram implementações práticas da teoria dos nós, com aplicações na vida real. Químicos e biologistas moleculares, em particular, tornaram-se interessados em nós. Por exemplo, alguns deles estudam como as longas e filamentares formas da molécula de DNA se trançam e se enroscam de modo a se encaixar no núcleo de uma célula. Caso uma célula típica fosse ampliada para o tamanho de uma bola de futebol, o comprimento da dupla hélice de DNA seria de cerca de 200 quilômetros. Como todos sabemos, longos pedaços de fios têm a irritante tendência de, espontaneamente, se enroscar e emaranhar. O que interessa para os cientistas é que formas de nós os filamentos de DNA podem assumir e, então, como desembaraçá-los.

Ainda há, obviamente, os físicos teóricos. Por volta do fim do último século, tornou-se evidente que mecânica quântica e força da gravidade não são compatíveis. Nas décadas de 1970 e 1980, os físicos quânticos sugeriram a "teoria de cordas" como uma nova resposta para este enigma. Basicamente, essa teoria diz que partículas elementares são pequeníssimas cordas, empacotadas juntas em espaços de dimensões superiores. (Talvez, a conjectura errada de Lord Kelvin não estivesse tão errada assim.) É claro que, nessa situação, as cordas também ficam emaranhadas, e a teoria dos nós encontra, assim, outra aplicação.

Ainda há um outro grupo de pessoas — incluindo cientistas — que se interessam pela teoria dos nós. O grupo é formado por homens que têm de dar nós em gravatas todas as manhãs. Thomas Fink e Yong Mao, dois físicos do Laboratório Cavendish, na Universidade de Cambridge, investigaram as formas como homens elegantes dão nós em suas gravatas antes de saírem para o trabalho de manhã ou para uma festa à noite. Os físicos observaram que há pelo menos 85 maneiras diferentes de efetuar essa tarefa. Contudo, nem todas atendem aos requisitos estéticos tradicionais. Como vemos, diversos aspectos devem ser considerados antes de fazer algo que comumente pensamos ser rotineiro. Por exemplo, o *sine qua non* absoluto do nó elegante é que deve ser simétrico. Assim, como todo homem que presta atenção na moda sabe, apenas a ponta mais larga da gravata pode ser movida ao fazer o nó. E, por fim, o número de vezes que a ponta é movida para a esquerda deve ser aproximadamente igual ao número de vezes que é movida para a direita. Portanto, os homens elegantes que quiserem seguir estas condições não poderão, lamentavelmente, tirar proveito de todas as 85 possibilidades. A estas almas desafortunadas restarão meramente 10 nós diferentes para escolher.

23

NÓS E TRANÇAS COM CORDAS REAIS

Por quase um século, a teoria matemática dos nós esteve ocupada em "embutir o círculo unitário no espaço tridimensional". Um nó é matematicamente definido como "uma curva fechada e linear por partes no espaço euclidiano tridimensional". A teoria de nós matemáticos é um ramo da topologia voltado para cordas idealizadas, consideradas infinitamente delgadas. A teoria dos nós não interessa apenas aos matemáticos, mas, inesperadamente, também fascina os leigos, pois é fácil visualizar fios e cordas como objetos reais. O fato de a teoria dos nós estar relacionada ao espaço tridimensional é outro ponto favorável. Se a teoria dos nós for levada para o âmbito do espaço de quatro dimensões, então todos os nós — que tenham sido feitos usando corda unidimensional — instantaneamente tornam-se "nós triviais".

A teoria física dos nós, em contraste com a versão matemática, não trata com abstrações infinitamente delgadas, mas com cordas reais que têm diâmetro ou espessura finita. Os cientistas que trabalham com a teoria física dos nós interessam-se, por exemplo, pelos tipos de nós que podem ser dados no mundo real. Ou investigam que quantidade de corda é necessária para dar um nó específico. O pensamento atual é que o comprimento de corda necessário para dar um nó específico pode ser uma medida de sua complexidade. Como objetos com aparência de corda, como DNA, possuem dimensões finitas, a teoria física dos nós pode fornecer respostas muito mais realistas para problemas científicos que a abstrata teoria matemática.

Ao tratar com nós reais, a verdadeira configuração das cordas é da maior importância. Na teoria matemática dos nós, todos os nós que podem ser transformados uns nos outros por meio de estiramento, torção e puxamento são considerados idênticos. Isto não se aplica à teoria física. Agora, a exata posição das cordas tem importância crucial. Qualquer alteração no arranjo dos pedaços de corda, por menor que seja, produz um novo nó. Em outras palavras, sempre que um nó é puxado, um novo nó resulta. Cada nó tem um número infinito de aparências. Essa dificuldade é a razão por que problemas aparentemente simples permanecem sem solução até hoje.

Tomemos o mais simples dos nós, o nó trifólio. Até muito recentemente, ninguém sabia se uma corda com diâmetro de uma polegada e 30 centímetros de comprimento poderia ser usada para dar um nó trifólio. (Na teoria dos nós, as duas extremidades da corda devem ser unidas uma à outra. Assim, o nó trifólio se torna um nó trevo.)

Uma ponderação simples revela que uma corda cujo comprimento seja apenas π (aproximadamente igual a 3,14) vezes maior que seu diâmetro não serve para formar nenhum nó. Apenas um compacto anel será formado ao unir as duas pontas desta corda. (O comprimento é medido no centro da corda.) Não sobrará corda para dar o nó! Portanto, π é um limite inferior para qualquer nó.

No entanto, isso não fornece a resposta para a questão de qual é o comprimento mínimo de corda para dar o nó trifólio. (Talvez esta seja a origem da resposta arrogante que um empreiteiro dá quando perguntado sobre o término da obra. "Qual é o comprimento de um pedaço de corda?"*, replica ele, querendo dizer, na verdade, "Quem sabe?".)

Para alcançar algum progresso, os especialistas da teoria dos nós lançaram mão de uma idéia brilhante. Desenvolveram um modelo computacional que representa os nós, considerando que energia repulsiva é distribuída ao longo da corda. Em conseqüência, as cordas são repelidas umas das outras e o nó se transforma em uma configuração em que as cordas estão separadas entre si da maior distância possível. Qualquer folga nas cordas fica visível e pode ser eliminada com estiramentos e puxamentos. Com base neste e em outros exercícios similares, os matemáticos continuam procurando determinar o comprimento mínimo necessário para dar um nó.

Em 1999, quatro cientistas obtiveram sucesso ao calcular um novo limite inferior para o comprimento da corda. Determinaram que se o comprimento da corda for 7,8 vezes (2,5 vezes π) maior que o diâmetro, ainda assim, não é suficientemente longo para formar um nó trifólio. Alguns anos mais tarde, três outros pesquisadores conseguiram provar que uma razão entre comprimento e diâmetro de 10,7 também não é suficiente. Apenas em 2003, Yuanan

* O autor cita um idiomatismo da língua inglesa, "*How long is a piece of string?*", que foi traduzido literalmente, por não ter um equivalente em português adequado ao contexto. Em inglês, uma pergunta é respondida desta forma quando não se tem idéia da resposta correta. (N.T.)

Diao, um cientista chinês, que na época estava na Universidade da Carolina do Norte, encontrou a resposta para a pergunta inicial. A resposta foi negativa: Diao provou que mesmo 12 polegadas de uma corda de 1 polegada de diâmetro ainda não são suficientes para formar um nó trifólio. Ao mesmo tempo, desenvolveu uma fórmula que calculava limites inferiores de comprimentos de corda para todos os nós com até 1.850 cruzamentos.

Posteriormente, Diao conseguiu refinar ainda mais as condições para o nó trifólio. Demonstrou que pelo menos 14,5 polegadas de corda são necessárias para formar este particular nó. Por outro lado, simulações em computador mostraram que 16,3 polegadas de corda fariam o trabalho. Obviamente, a verdade reside em algum lugar entre estes dois valores.

Outra questão com que lutam os especialistas da versão física da teoria dos nós é a misteriosa e complexa forma do legendário nó górdio. Alexandre, o Grande, só conseguiu desatá-lo com um golpe de espada. Qual é a exata configuração desse nó? Por um longo tempo, foi aceito que o nó havia sido atado com a corda ainda molhada e, depois, posto a secar ao sol. A corda amarrada teria, então, encolhido ao comprimento mínimo. Em 2002, o físico Piotr Pieranski e o biólogo Andrzej Stasiak, ambos poloneses, da Universidade de Lausanne, na Suíça, encontraram um destes nós. Com a ajuda de simulações em computador, foram capazes de criar um nó cujo comprimento de corda era curto demais para ser desfeito. No comunicado à imprensa, disseram que "o laço de corda encolhido estava emaranhado de tal forma que não poderia, por meio de manipulações simples, ser convertido de volta à forma circular original".

Trabalhando com tais simulações em computador, os dois pesquisadores fizeram ainda uma outra descoberta totalmente inesperada, que pode vir a ter conseqüências profundas. Definiram um "número de voltas" para nós: a cada vez que uma corda é enrolada sobre outra da esquerda para a direita, o número 1 é adicionado. Sempre que uma corda é enrolada sobre outra da direita para a esquerda, o número 1 é subtraído. Para sua imensa surpresa, o número médio de voltas — sendo a média tomada em relação a todos os ângulos de visada — resultava um múltiplo da fração 4/7, para todos os nós que foram submetidos aos cálculos. Até agora, nenhuma explicação foi dada para este fenômeno. Neste contexto, vale lembrar que a "teoria de cordas" descreve partículas elementares como pequenas cordas, possivelmente, emaranhadas. Portanto, alguns físicos suspeitam que as propriedades quantificadas de partículas elementares podem residir nesta muito misteriosa particularidade desses "quanta de nós".

Nós físicos têm reais aplicações na vida diária; por exemplo, no amarrar do laço do sapato. Burkhard Polster, um matemático da Universidade Monash, na Austrália, decidiu submeter essa rotina mundana a rigorosa análise matemática. Os critérios que usou foram o comprimento do laço, a firmeza da amarração e a tensão do nó. Com base na hipótese de que cada furo do sapato contribuía para a tensão no laço, Polster provou que o menor comprimento de cadarço é usado quando este é cruzado alternadamente nos furos do sapato, e não em todos os furos. (O número exato de cruzamentos depende se o número de furos do sapato é par ou ímpar.)

A razão reconhece que este modo de amarrar os sapatos não provê muita firmeza. Caso a tensão na parte de trás do sapato seja importante, então, os modos tradicionais de amarrá-lo são, sem dúvida, os melhores: ou o cadarço é cruzado a cada vez que passa pelos furos ou — outro modo tradicional e, possivelmente, mais elegante de amarrar os sapatos — uma ponta do cadarço é passada do furo inferior ao furo superior do lado oposto, enquanto a outra é passada pelos furos restantes, em linhas paralelas, de um lado ao outro.

Uma vez que os sapatos foram amarrados, qual é a maneira recomendada de amarrar as extremidades soltas do cadarço? A maioria das pessoas faz um nó duplo, em que os laços meramente têm papel decorativo. No entanto, aqui também as coisas não são tão simples como parecem inicialmente. Na verdade, há duas maneiras de amarrar este nó, e a diferença entre elas não poderia ser mais óbvia. Uma é o laço da vovó, em que as duas pontas do cadarço são cruzadas duas vezes na mesma direção. Todo escoteiro sabe que este nó não é suficientemente apertado. Isto pode ser comprovado em qualquer playground, com as mães abaixando-se toda hora para amarrar os sapatos dos filhos novamente. (Não é à toa que Velcro se tornou tão popular. Infelizmente, priva as crianças de uma das mais excitantes experiências de aprendizado.) Um nó muito mais apertado e durável é o chamado nó quadrado. É muito parecido com o da vovó, mas com uma diferença crucial. Primeiro, o nó é dado cruzando as duas metades do cadarço em uma direção e, depois, um segundo nó é dado cruzando os dois laços na direção oposta.

24

Pequenos erros podem ter grandes conseqüências

Calculadoras eletrônicas são precisas e nunca, nunca cometem um erro. Pelo menos, isto é o que gostaríamos de pensar. Entretanto, na verdade, tais erros ocorrem o tempo todo. A questão é que praticamente não notamos. Pegue, por exemplo, uma calculadora de bolso que tenha teclas de "quadrado" e "raiz quadrada" e faça o seguinte: tecle o número 10, aperte a tecla de quadrado e, a seguir, a de raiz quadrada. Como esperado, o número 10 aparece no visor, pois a raiz quadrada do quadrado de 10 é, obviamente, 10. Até aqui, tudo certo. Agora, tente isto: tecle o número 10, aperte a tecla de raiz quadrada 25 vezes e, em seguida, a de quadrado 25 vezes. O resultado, como esperaríamos, deveria ser o número 10 novamente, mas o visor indica algo como o número 9,9923974. De modo geral, nenhuma atenção é dada a esta pequena divergência de 0,07%. É um erro que, usualmente, podemos tolerar. Contudo, repita a experiência apertando as teclas de raiz quadrada e de quadrado 33 vezes. O número que resulta, 5,5732436 ou algo parecido, nem de longe lembra a resposta correta que, evidentemente, é 10.

A razão deste fenômeno, que, de uma forma ou de outra, ocorre infalivelmente em todas as calculadores digitais, é o fato de que um número pode ter infinitas casas decimais. Um exemplo é a fração 1/3. Ao expressá-la em decimais, resulta um número infinito de dígitos após a vírgula decimal. Mas — e quero dizer um "mas" muito grande — calculadoras podem apenas armazenar uma quantidade finita de números. Como regra geral, os computadores truncam valores numéricos após 15 casas. Assim, erros muito pequenos existem entre os números verdadeiros e os valores indicados no visor.

Em geral, toleramos essas imprecisões, pois não é difícil conduzir a vida diária com apenas dois ou três dígitos após a vírgula decimal. No entanto, há ocasiões quando erros de arredondamento podem levar a catástrofes. No dia 25 de fevereiro de 1991, durante a Guerra do Golfo Pérsico, uma bateria americana de mísseis Patriot, estacionada em Dharan, Arábia Saudita, falhou na interceptação de um míssil Scud iraquiano. O Scud atingiu um alojamento de soldados americanos, matando 28 deles. A causa deste trágico percalço foi uma imprecisa conversão de tempo, medido em décimos de segundo, aos valores binários armazenados no computador. Especificamente, o tempo decorrido era medido pelo relógio interno do sistema em décimos de segundo e armazenado em números binários. E o resultado devia ser multiplicado por 10 para fornecer o tempo em segundos. Este cálculo foi feito usando 24 bits. Portanto, o valor 1/10, que tem uma expansão binária infinita, foi truncado após 24 bits, resultando em um erro minúsculo.[7] Este erro de truncamento, quando multiplicado pelo grande número

[7] O termo *bit* denota *BInary digiT*, ou dígito binário, que pode valer 1 ou 0.

que correspondia ao tempo em décimos de segundo, levou ao que seria um erro fatal.

Ao anoitecer do dia das eleições, 5 de abril de 1992, o Partido Verde do estado alemão de Schleswig-Holstein estava jubiloso. Por uma pequeníssima margem, o partido havia conseguido vencer a barreira de 5% dos votos para integrar o parlamento estadual. No entanto, a dura realidade veio logo após a meia-noite. Os resultados oficiais da eleição foram publicados e os Verdes descobriram, com grande desalento, que tinham, na verdade, recebido apenas 4,97% dos votos. O programa que calculara os resultados da eleição ao longo do dia listara apenas uma casa decimal após a vírgula, e a parcela de votos fora arredondada para 5,0%. Este programa específico havia sido utilizado por vários anos, mas ninguém pensou em desligar a opção de aproximação — para não dizer bug — naquele momento crucial. A conseqüência foi que os Verdes não conseguiram ocupar ao menos uma cadeira no parlamento.

Em 4 de junho de 1996, o foguete não tripulado Ariane 5 foi lançado do centro espacial de Kourou, na Guiana Francesa, mas explodiu apenas 40 segundos após o lançamento. O foguete havia se desviado da rota de vôo e teve de ser destruído pelo controle terrestre. Devido a um erro de software, o sistema de guiamento interpretou erroneamente um número arredondado.

Em 1982, a bolsa de valores de Vancouver introduziu um novo índice e fixou o valor inicial em 1.000 pontos. Após menos de dois anos, o índice havia caído quase à metade, embora o valor médio das ações houvesse aumentado cerca de 10%. A discrepância era, novamente, devida a erros de arredondamento. Ao calcular o índice, as médias ponderadas dos preços das ações foram truncadas após um número demasiadamente pequeno de casas decimais.

No entanto, em um caso particular, erros de arredondamento levaram a uma descoberta significativa. Um dia, na década de 1960, Edward Lorenz, meteorologista do Instituto de Tecnologia de Massachusetts, estava ocupado observando simulações climáticas no computador. Dentro em pouco, achou que precisava de um descanso. Lorenz interrompeu o programa e anotou rapidamente os resultados intermediários. Após tomar um café, Lorenz retornou ao computador e deixou que as simulações seguissem o curso normal. Para sua surpresa, o clima simulado no computador assumiu um estado completamente diferente do esperado, tendo por base simulações anteriores.

Após meditar algum tempo sobre esse enigma, Lorenz percebeu o que havia acontecido. Antes de sair para tomar o café, havia anotado os números que via no monitor do computador. Estes números eram exibidos com três casas decimais. Entretanto, no computador, os números eram armazenados com oito casas decimais. Lorenz deu-se conta que o programa de computador esteve trabalhando com valores que tinham sido arredondados. Como as simulações climáticas envolvem diversas operações não lineares, não era surpresa alguma que divergências se acumulassem rapidamente. Expressões não lineares — ou seja, expressões como elevar ao quadrado ou tomar a raiz quadrada — têm a irritante característica de amplificar erros minúsculos muito rapidamente.[8]

---

[8] Operadores lineares são as operações aritméticas de adição, subtração, multiplicação e divisão.

A descoberta de Edward Lorenz estabeleceu a base para a chamada teoria do caos, que hoje é um conceito bem conhecido. Uma das conseqüências dessa teoria é o notório efeito borboleta. Basicamente, isto quer dizer que o movimento das asas de uma borboleta pode provocar um furacão no outro lado do mundo. Os minúsculos redemoinhos causados no ar pelo bater de asas da borboleta podem representar não mais que uma mudança na 30ª casa decimal. Entretanto, não linearidades no clima podem aumentar minúsculos movimentos de ar bilhões de vezes e, assim, transformá-los em um furacão.

Contudo, há um outro modo, menos sinistro, de olhar as coisas. Ao bater suas delicadas asas, uma borboleta poderia, pela mesma razão, evitar a ocorrência de um furacão. Modelos matemáticos que utilizam o reverso do efeito borboleta encontraram aplicações, por exemplo, em cardiologia. Pequenos choques elétricos, aplicados no momento exato, podem corrigir batimentos caóticos do coração e prevenir um ataque.

25

Apostadores ignorantes

Risco é um fenômeno com que todos nos deparamos diariamente, aonde quer que vamos. Entretanto, nem todos sabem como lidar com suas conseqüências e implicações. Basta olhar para o grande número de pessoas que esbanjam dinheiro em cassinos. Será que, quando põem o pé em tais estabelecimentos, não vêem a decoração luxuosa e não se dão conta que é paga com seu dinheiro? Por que tantos proprietários se recusam a segurar suas casas contra terremotos, mesmo que todos os seus bens estejam em risco? E por que — o máximo dos absurdos — tantos cidadãos seguram seus objetos pessoais contra roubo e assalto e não hesitam, nem um pouco, em arriscar dinheiro em bilhetes de loteria, semana após semana?

Uma razão que leva as pessoas a embarcar em atividades de risco, seja pular de pára-quedas, voar de asa-delta ou apostar, espontaneamente e sem muita preocupação, é que estas aventuras prometem uma injeção de adrenalina. As pessoas não gastam muito tempo analisando os perigos quando embarcam em tais atividades. Uma explicação para o fato de analisarem, ou melhor, não analisarem os riscos é que os estatísticos têm grande dificuldade em transmitir o valor de suas pesquisas aos leigos. O problema é considerado tão sério pela Royal Statistical Society [Real Sociedade Estatística], da Inglaterra, que os membros decidiram dedicar toda uma edição de sua revista, *Statistics in Society*, ao tema: como o grande público pode ser informado da verdadeira extensão dos riscos envolvidos?

Na verdade, seria muito simples calcular o assim chamado valor esperado de atividades de risco e, ao apertar de uma tecla, obter valores chaves que determinariam a decisão correta. Tudo o que precisa ser feito é multiplicar o valor do que se teme perder pela probabilidade de ocorrência de um evento inclemente. Infelizmente, muitas vezes, não é fácil expressar um dos fatores ou ambos em números. Por exemplo, quão alta é a probabilidade de um pedestre ser atingido por um vaso de planta que cai de alguma janela? E qual, neste caso, seria a perda financeira? Ou que valor deve ser dado à vida de um filho?

Contudo, mesmo nos casos em que perdas e probabilidades podem ser quantificados até a última casa decimal, a maioria das pessoas não se importa. Na roleta, por exemplo, todos os fatores são bem conhecidos. Isto, no entanto, não intimida apostadores devotados. Eles simplesmente ignoram a probabilidade de 2,7% de que a bola caia no zero. Consideram a roleta como um jogo de azar, em que têm chances reais de ganhar. O que apostadores tendem a esquecer é que não apenas a decoração do cassino, mas também o grande lucro que vai para os bolsos dos proprietários, é financiada pelo pequeno zero.

Parece não importar ao público se um evento traz ganho ou perda. Um cidadão típico reage da mesma forma nas duas circunstâncias. Por exemplo, sismólogos suíços calcularam que, em média, a cada 120 anos o país será atingido por terremotos de grau 6 da escala Richter ou maior. Contudo, como ninguém pode prever em que ano um desses eventos ocorrerá, a real probabilidade de uma catástrofe atingir a Suíça é de 0,8% a cada ano.

Considere, por exemplo, que o valor da casa de uma família, incluindo todo o conteúdo, é, digamos, de $500.000, e multiplique esta quantia pela probabilidade de 0,8%. Será que um seguro com prêmio anual de $4.000 seria apropriado? Evidentemente que não, pois não é certo que a casa será totalmente destruída, mesmo que o terremoto seja particularmente intenso. A questão relevante que surge é se o terremoto do século tornará inabitáveis 10 casas em 100 ou uma em 100. Considerando o último caso, um seguro de prêmio anual de $40 seria apropriado e justo.

Os pessimistas que acham que o próximo terremoto está atrasado, pois o último tremor ocorreu em 1855, estariam tão errados quanto os otimistas que acreditam que, certamente, nada acontecerá no próximo ano, pois nada acontece desde tempos imemoráveis. Estas pessoas pertencem à categoria de excêntricos, que inclui os apostadores, que acreditam que o resultado do próximo giro da roleta será vermelho, pois a bola caiu no preto oito vezes consecutivas.

Na vida pública, devem ser decisões de importância muito maior e de conseqüências muito mais profundas do que na vida privada, onde apenas precisamos decidir se compramos ou não uma apólice de seguro. Infelizmente, é um fato lamentável que os políticos também não prestem atenção às análises estatísticas de custo-benefício. Será que o risco associado a uma usina nuclear é realmente tão maior que o número de mortos e feridos que podem resultar da mera construção e manutenção de uma mina de carvão ou de uma represa? Será que, quando o presidente Reagan, dos Estados Unidos, decidiu investir 9 milhões de dólares em pesquisa sobre a doença dos legionários, em contraste com o milhão de dólares destinados a pesquisas médicas sobre o vírus da AIDS, a decisão foi influenciada por um preconceito contra os homossexuais?

A verdade é que políticos, como qualquer outra pessoa, se deixam levar pela opinião pública. Enviar a guarda costeira em uma operação de busca e resgate, com um grande número de helicópteros e barcos salva-vidas, para salvar pescadores em um naufrágio resulta em muito mais votos para o político local que, por exemplo, eliminar uma perigosa curva da estrada. Na Suíça, não é diferente. Grandes quantidades de equipamentos de resgate estão disponíveis e prontos para o uso, para salvar os ocasionais montanhistas que fiquem presos em fendas de geleiras. Ao mesmo tempo, inúmeros pedestres podem, a cada ano, ser atropelados e mortos em uma cidade enquanto atravessam ruas, simplesmente por não haver dinheiro no orçamento para a construção de passarelas. Entretanto, não é politicamente correto fazer perguntas desagradáveis sobre custos e benefícios. Afinal, os Alpes são um tesouro nacional para os suíços. Sua acessibilidade deve ser salvaguardada, danem-se os custos. Tudo o que os estatísticos podem fazer é prover os políticos e gerentes da informação necessária. Cabe a eles tomar a decisão correta.

26

Tetris é difícil

Por mais de 15 anos, milhões de pessoas gastaram e esbanjaram tempo com o jogo de computador Tetris, no qual o jogador deve tentar acomodar, em uma prateleira, blocos de formatos diferentes que caem pela tela do computador. O objetivo do jogo é cobrir a prateleira deixando o menor número de vãos, o que pode ser alcançado girando-se os blocos e movendo-os lateralmente, até preencher totalmente a tela.

Um grupo de cientistas da computação do Instituto de Tecnologia de Massachusetts (MIT) descobriu, no entanto, que Tetris é muito mais que apenas um fascinante jogo de computador. Em outubro de 2002, Eric Demaine, Susan Hohenberger e David Liben-Nowell provaram que Tetris pertence a uma bem conhecida classe de problemas cujas soluções exigem longos tempos de computação. O mais famoso deles é o "problema do caixeiro-viajante". Um caixeiro deve visitar um certo número de cidades e deve fazê-lo pela rota mais curta, sem passar mais de uma vez por qualquer das cidades. Este problema pode ser resolvido por computador, entretanto, o tempo exigido para calcular a rota cresce exponencialmente à medida que aumenta o número de cidades. Por este motivo, esse problema pertence à classe dos chamados problemas

NP. Tais problemas diferem dos problemas P, cujo tempo de cálculo cresce a uma taxa muito menor. Problemas são ditos pertencerem à classe P se puderem ser resolvidos em um intervalo de tempo que é proporcional a um polinômio (daí a letra P).

Teoricamente, problemas NP também podem ser resolvidos em tempo polinomial. Entretanto, para que isto realmente aconteça, seria necessário usar a chamada máquina não determinística (de onde vem o nome do problema: NP significa *n*ão determinístico *p*olinomial). Contudo, essas máquinas, como, por exemplo, os tão falados computadores quânticos, não existem e, possivelmente, nunca existirão. Portanto, cientistas da computação ainda buscam algoritmos que possam resolver problemas NP em tempo polinomial. (Será que tais algoritmos existem, mas ainda não foram encontrados? Ou, talvez, a CIA, o MI5 e o Mossad já os usam para decifrar códigos e simplesmente não contam a ninguém?*)

Enquanto isso, alguma consolação pode advir do fato de que, ao atacar problemas NP, podemos ao menos testar possíveis soluções em tempo polinomial. Por exemplo, a *busca* dos fatores primos de 829.348.951 pertence à classe de problemas NP. Mas, *testar* se 7.919 é um dos fatores primos é apenas um problema P. Tudo o que precisa ser feito é dividir o número grande pelo menor e verificar se a divisão não deixa resto. Isto pode ser feito em tempo polinomial.

O primeiro avanço teórico na direção da resposta para a pergunta anterior foi feito, em 1971, quando Stephen Cook, cientista

* Serviços secretos dos Estados Unidos, Inglaterra e Israel, respectivamente. (N.T.)

da computação da Universidade de Toronto, provou que todos os problemas NP são matematicamente equivalentes uns aos outros. Isto significa que, se apenas um problema NP puder ser resolvido em tempo polinomial, todos os problemas NP poderão ser resolvidos em tempo polinomial. O que implicaria que todos os problemas NP pertenceriam à classe P, uma relação que os cientistas da computação expressam na concisa equação P = NP. Se esta equação é verdadeira permanece uma questão aberta. Numerosos cientistas lutam com ela, especialmente porque a Fundação Clay ofereceu um prêmio de um milhão de dólares para uma solução correta.

Os cientistas da computação de hoje ainda estão longe de resolver o problema P *versus* NP. No ínterim, mantêm-se ocupados com problemas um pouco menos desafiadores, como Tetris. O que os pesquisadores do MIT descobriram foi que Tetris é um problema NP. Para provar isto, reduziram o jogo ao chamado problema da 3-partição; sabe-se, desde 1979, que este é um problema NP.

Neste problema, um conjunto de números deve ser separado em três grupos distintos, de modo que as somas de todos os grupos sejam iguais. Na prova que forneceram, Demaine, Hohenberger e Liben-Nowell iniciaram com uma configuração muito complexa do Tetris. Provaram que, ao iniciar o jogo com esta configuração, empilhar os blocos na prateleira é equivalente à solução do problema da 3-partição. Assim, Tetris pertence à longa lista de problemas NP, como também pertence o jogo Minesweeper [Caça-minas], que acompanha o sistema Windows da Microsoft. Provas de que o Minesweeper pertence à classe de problemas NP foram fornecidas em 2000 por Richard Kaye, da Universidade de Birmingham, na Inglaterra.

Nada disto, no entanto, nos aproxima mais da solução do problema fundamental. Apenas quando for descoberto um algoritmo que detecte minas no Minesweeper ou empilhe os blocos do Tetris na prateleira em tempo polinomial o prêmio de um milhão de dólares poderá ser reivindicado. Por enquanto, a pergunta é

P = NP?*

* O próprio título deste capítulo é uma alusão aos problemas NP, que são classificados como NP, NP-completos e NP-difíceis. (N.T.)

27

Grupos, grupos monstros e monstros mirins

Grupos algébricos consistem de elementos, como os números inteiros (-3, -2, -1, 0, 1, 2, 3,...), e uma operação. A operação — por exemplo, a de adição — combina dois elementos. Para que os elementos formem um grupo, é necessário que a combinação de dois deles também pertença ao grupo, que a ordem em que duas operações sucessivas são efetuadas não tenha importância, que o grupo contenha um elemento neutro e exista um elemento inverso para cada elemento do grupo. Portanto, números inteiros formam um grupo "sob adição". Os números pares, também, pois a soma de dois números pares é um número par e o valor inverso de, digamos, 4 é -4. Nesses dois casos, o número 0 é o elemento neutro, pois somar qualquer número a zero deixa o número inalterado. Números ímpares, por outro lado, não constituem um grupo sob adição, pois a soma de dois números ímpares não é um número ímpar.

Números inteiros e números pares são grupos que contêm um número infinito de elementos. Entretanto, também há grupos pequenos que contêm um número finito de elementos. Um exemplo poderia ser o "grupo do mostrador do relógio". Esse grupo contém os números 1 a 12. Se você escolher o número 9 nesse grupo e somar 8 a ele, o resultado mostrado no relógio será 5 (neste caso 12 é o elemento neutro, pois somar 12 a qualquer número resulta no próprio número).

Uma das mais significativas realizações matemáticas do século XX foi a classificação de todos os grupos finitos — um feito que, em termos de sua importância, pode ser comparado à decodificação do DNA ou ao desenvolvimento de uma taxonomia do reino animal, por Carl von Linné, no século XVIII. Completar esta tarefa verdadeiramente monumental exigiu esforços combinados de diversos matemáticos em todo o mundo.

Em 1982, o matemático americano Dan Gorenstein pôde declarar vitória na batalha pela classificação de todos os grupos finitos. Gorenstein coordenou os esforços mundiais dos especialistas em teoria dos grupos. Nada menos que 500 publicações, correspondendo a cerca de 1.500 páginas impressas, foram necessárias para provar que existem exatamente 18 famílias de grupos simples finitos e 26 grupos de uma espécie diferente. Não por acaso, este teorema foi apelidado de "teorema enorme".

Na década de 1960, a maioria dos especialistas pensava que apenas no século XXI o trabalho seria completado. Alguns grupos muito incomuns haviam sido descobertos e não podiam ser classificados em qualquer dos esquemas desenvolvidos até então. Foram chamados de "grupos simples esporádicos" — esporádicos por serem raros e simples porque... não, nada há que pudesse ser considerado simples, no sentido comum da palavra.

Na mesma época, John Leech, matemático da Universidade de Glasgow, na Escócia, estudava os chamados "reticulados de dimensões superiores".* Um reticulado matemático pode ser visto como uma malha ou rede de fios. O alambrado em volta de uma quadra de tênis é um reticulado em duas dimensões. Uma armação para escalada em um playground é um reticulado em três dimensões. Reticulados em três dimensões têm um papel muito importante em cristalografia — por exemplo, para ilustrar a configuração física de átomos. No entanto, Leech não estava satisfeito com duas ou três dimensões. Ele havia descoberto um reticulado de 24 dimensões, que passou a ser designado com seu nome: reticulado de Leech. E passou a investigar as propriedades desse reticulado.

A característica mais importante de um corpo geométrico é a simetria. Assim como um cubo simétrico parece o mesmo após ser girado em torno de um de seus eixos, um reticulado de Leech também pode ser torcido, girado e virado — ainda que em 24 dimensões — e sempre permanece similar a si próprio. Se um corpo tem mais de uma simetria, é possível girá-lo em torno de um eixo, em torno de outro, em torno do primeiro, mas em sentido oposto, e assim por diante. Como o corpo é simétrico, sempre parecerá o mesmo após cada giro. Resulta disto que giros ou rotações podem ser "somados" — efetuando-os um após o outro — sem alterar a forma percebida do corpo. Além do mais, é possível reverter uma rotação girando o corpo em torno do eixo na outra direção.

O fato de que rotações podem ser adicionadas e que para cada rotação existe uma inversa é, justamente, o que as define como um grupo. (O elemento neutro é a rotação "nenhuma rotação".) Portanto, as rotações de um corpo simétrico podem ser vistas

* O termo *retículo* é igualmente utilizado. (N.T.)

como elementos de um grupo. As propriedades finais do grupo dependem do próprio corpo em questão.

Este é apenas um dos exemplos em que diferentes ramos da matemática — neste caso, geometria e álgebra — se somam. Assim, matemáticos podem tratar problemas geométricos na área de simetria simplesmente usando ferramentas algébricas. Leech suspeitava que o grupo de simetria de seu retículo tinha grande importância, mas logo percebeu não ter o necessário conhecimento de teoria de grupos para analisá-lo. Tentou que outros se interessassem pelo problema, sem sucesso. Por fim, voltou-se para um jovem colega da Universidade de Cambridge, John H. Conway.

Conway era filho de um professor e cresceu em Liverpool. Completou o doutorado na Universidade de Cambridge e foi nomeado professor assistente de matemática pura. Entretanto, logo passou a sofrer de depressão e esteve próximo de um colapso. Não conseguia publicar qualquer resultado de pesquisa. Não é que duvidasse da própria competência, mas como convencer o mundo de sua habilidade sem nada publicar? O reticulado de Leech apareceu no momento exato. Viria a ser sua tábua de salvação.

Conway não era homem de muitas posses e, para complementar o baixo salário, o deprimido matemático aceitava alunos para aulas particulares. Compreensivelmente, isto lhe deixava pouco tempo para a pesquisa e nenhum para a família. Contudo, a oportunidade que Leech oferecia era o empurrão que o jovem matemático de Cambridge havia muito esperava. Não o desperdiçaria. Uma noite, durante o jantar, Conway explicou à esposa que, nas próximas semanas, estaria ocupado com um problema muito complexo e importante. Ele trabalharia no problema todas as quartas-feiras, das 18 horas à meia-noite e, de novo, aos sábados, do meio-dia à meia-noite. No entanto, para sua grande surpresa, Conway resolveu o problema em apenas uma sessão de sábado. Naquela tarde, Conway descobriu que o grupo que descreve o reticulado de Leech era nada menos que um, até então, desconhecido grupo esporádico.

O grupo de Conway, como ficou conhecido, contém um número colossal de elementos: 8.315.553.613.086.720.000, para ser exato. A comunidade matemática foi totalmente tomada de surpresa pela descoberta de Conway, que representava um grande avanço nos esforços mundiais para a classificação dos grupos finitos. Mais importante ainda para Conway era que a descoberta aumentava sua autoconfiança e transformava sua carreira matemática. Ele foi eleito membro da Royal Society e, desde então, permaneceu na vanguarda da pesquisa em matemática. Em 1986, aceitou uma nomeação na Universidade Princeton.

Como um comentário à parte, o grupo de Conway é, de longe, o maior grupo esporádico. Na época, ainda estava por vir o chamado grupo monstro, descoberto, em 1980, por Robert Griess, da Universidade de Michigan. Este grupo contém cerca de 10^{54} elementos, um número maior que o de partículas contidas no universo. O grupo monstro descreve as simetrias de um reticulado em um espaço de 196.883 dimensões. Há, ainda, o chamado grupo monstro mirim. Contendo "meramente" 4×10^{33} elementos, é pouquinho maior que o grupo de Conway. Até os matemáticos, que não perdem a calma facilmente diante de objetos curiosos, acham os grupos simples esporádicos incomumente fantásticos.

28

A incorreta conjectura de Fermat

Algumas vezes, o trabalho em um ramo da matemática pura dá resultados totalmente inesperados para outro. Parte do trabalho do famoso matemático Pierre de Fermat (1601-1665) sobre teoria dos números deixa isto bem claro. Porém, passaram-se 150 anos até que o matemático Carl Friedrich Gauss (1777-1855) encontrasse uma explicação geométrica para uma das asserções de Fermat na teoria dos números: a construção de polígonos regulares com régua e compasso.

Fermat não é apenas famoso por seu notório "Último Teorema", que, na verdade, não passava de uma conjectura, até ser finalmente provada por Andrew Wiles em 1994. Como magistrado na cidade francesa de Toulouse, cargo que manteve durante toda a vida, Fermat não tinha, aparentemente, muito trabalho. O cargo deixava-lhe tempo suficiente para dedicar-se a suas paixões matemáticas. Em correspondências com Marin Mersenne, um monge que compartilhava o amor de Fermat pela matemática, discutia problemas de teoria dos números. Na época, Mersenne estava interessado em números da forma $2^n + 1$ e Fermat conjecturou que, se n fosse uma potência de 2, os números sempre seriam primos. Desde então, números da forma $2^n + 1$ são chamados números de Fermat.

O próprio Fermat não forneceu qualquer prova para esta conjectura. (Na verdade, muitas de suas provas foram perdidas e é possível que algumas delas não fossem rigorosas. Deduções por analogia e a intuição do gênio bastavam-lhe para chegar a resultados corretos.) Dos números de Fermat, conhecia apenas o de ordem zero e os quatro subseqüentes (3, 5, 17, 257, 65537). O próximo número de Fermat, $2^{32} + 1$, era demasiadamente grande para ser calculado naquela época, quanto mais para ser testado para verificar se era primo. Contudo, os cinco primeiros números de Fermat são, realmente, apenas divisíveis por 1 e por eles próprios. No entanto, concluir, a partir daí, que todos os números dessa forma são primos seria um passo verdadeiramente audaz. Este foi, efetivamente, um caso em que uma das conjecturas de Fermat estava errada, o que pode ter um sério efeito sobre nós, simples mortais: nem todas as conjecturas feitas por matemáticos famosos são verdadeiras.

No entanto, quase um século se passou até que Leonhard Euler, de Basiléia, Suíça, fornecesse um contra-exemplo. Ele mostrou, em 1732, que o número de Fermat correspondente a $n = 5$ (que é igual a 4.294.967.297) é o produto dos números 641 e 6.700.417. Portanto, nem todos os números de Fermat são primos. Quais são e quais não são?

A busca pela resposta ainda continua. Em 1970, foi mostrado que o número de Fermat correspondente a $n = 6$ também é um número composto. Atualmente, voluntários espalhados pelo mundo oferecem tempo ocioso de seus PCs para testar se números de Fermat são primos. Em outubro de 2003, foi anunciado que o número de Fermat $2^{2^{2,478,782}} + 1$ — um número tão inimaginavelmente enorme que sua escrita exigiria um quadro-negro com uma largura de anos-luz — é composto.

Infelizmente, há grandes buracos na lista de números testados. Na verdade, apenas 217 dos primeiros 2,5 milhões de números de Fermat foram testados até agora. Contrariando a previsão de Fermat, nenhum deles — exceto os cinco primeiros — é primo. A dificuldade em encontrar outros números de Fermat que sejam primos levou a uma nova conjectura — o oposto direto da conjectura original de Fermat: todos os números de Fermat, excluindo os cinco primeiros, são compostos. Esta nova conjectura, como a original, permanece sem prova. Ninguém sabe realmente se há mais de cinco números de Fermat que sejam primos, se existe um número infinito de números de Fermat compostos ou se todos os números de Fermat, excluindo os cinco primeiros, são compostos.

E, agora, à aplicação geométrica.

Em 1796, Carl Friedrich Gauss, um estudante de 19 anos da Universidade de Göttingen, perguntava-se que polígonos regulares poderiam ser construídos usando apenas régua e compasso. Euclides já havia, evidentemente, construído triângulos, quadrados e pentágonos regulares. Contudo, 2.000 anos mais tarde, a humanidade não havia conseguido ir muito além disto. O que dizer do polígono regular de 17 lados? Para sua imensa satisfação, o jovem Gauss provou que o chamado heptadecágono pode, de fato, ser construído. Ele fez ainda mais. Gauss provou que todo polígono regular cujo número de lados é igual a um número de Fermat primo ou ao produto de números de Fermat primos pode ser construído com régua e compasso. (Para ser preciso, a regra também é válida quando o número de lados é dobrado e redobrado, pois ângulos sempre podem ser divididos ao meio com a ajuda de régua e compasso.)

Em conseqüência, é possível construir um polígono de 257 lados, que corresponde ao próximo número de Fermat, e instruções de como construir um polígono regular de 65.537 lados, com as quais um certo Johann Gustav Hermes gastou 10 anos de vida, estão guardadas em uma caixa na biblioteca da Universidade de Göttingen.

Gauss suspeitava que a asserção também valia na direção oposta: o número de lados de qualquer polígono que possa ser construído com régua e compasso deve ser um produto de números de Fermat. Na verdade, dessa vez a conjectura estava certa. Não foi Gauss, entretanto, que a provou. Esta honra é de Pierre Laurent Wantzel, um matemático francês, que forneceu a prova em 1837.

Durante a vida, Gauss fez inúmeras descobertas matemáticas. Ainda assim, considerava aquela que envolvia a construção do polígono de 17 lados uma das mais significativas. O valor que dava à descoberta da juventude era tão grande, que expressou o desejo de ter uma imagem do polígono gravada em seu túmulo. Diz a lenda que o pedreiro se recusou a fazê-lo, alegando que um polígono de 17 lados seria demasiadamente próximo de um círculo. Por fim, a cidade de Brunswick, onde nasceu Gauss, encomendou um monumento cuja coluna foi decorada com uma estrela de 17 pontas.

29

A QUEDA DA TEORIA DA CATÁSTROFE

Todos os anos, desastres naturais causam prejuízos que chegam a bilhões de dólares. Uma teoria matemática que ajudasse a explicar, prever e, até mesmo, a prevenir esses fenômenos em muito contribuiria para abrandar nossos temores e reduzir os prejuízos. Na verdade, uma tal teoria foi desenvolvida há cerca de 30 anos. Infelizmente, não correspondeu às expectativas nela depositadas. A chamada teoria da catástrofe teve um breve, embora brilhante, período de fama nas décadas de 1970 e 1980, antes de desaparecer sem deixar rasto. No entanto, a teoria merece ser levada a sério. A teoria não trata somente de desastres, no sentido comum da palavra, mas também mostra como mudanças repentinas e bruscas podem ocorrer na natureza, mesmo quando os parâmetros fundamentais correspondentes são alterados apenas gradualmente.

Fenômenos associados à teoria da catástrofe podem ser facilmente observados na vida cotidiana. Considere, por exemplo, uma chaleira com água sendo lentamente aquecida no fogão da cozinha. A água passa a borbulhar com crescente intensidade até que, de repente, a precisamente 100 graus centígrados, algo muito diferente acontece: a água começa a ferver. A água se torna gasosa, ou seja, passa a evaporar — um efeito conhecido em física como uma mudança de estado.

Uma outra área na qual a teoria da catástrofe pode ser aplicada é a de estabilidade de estruturas. Quanto maior o peso aplicado a uma ponte, mais ela sofre um certo grau de deformação. Usualmente, as alterações são imperceptíveis. Contudo, a um certo ponto, um desastre pode ocorrer: a ponte vem abaixo. Algumas poucas variáveis são responsáveis por este e por outros tipos de catástrofes. Em geral, mesmo que os valores das chamadas variáveis de controle sofram alterações de grandes extensões, nenhuma reação observável resulta. Entretanto, basta que uma delas ultrapasse apenas ligeiramente um ponto crítico, para a catástrofe acontecer. É o graveto que quebra o pescoço do cavalo.

A teoria da catástrofe foi desenvolvida pelo cientista francês René Thom, falecido em 25 de outubro de 2002. Nascido em 1923, em Montbéliard, no leste da França, passou, junto com o irmão, os primeiros anos da Segunda Guerra Mundial na segurança da Suíça, antes de retornar à França. Em Paris, entre 1943 e 1946, freqüentou a Ecole Normale Supérieure, uma faculdade de elite apenas para os melhores alunos. Na época, não era, propriamente, um grande matemático. Apenas na segunda tentativa conseguiu ser aprovado no dificílimo exame de admissão à Normale Sup. Entretanto, não muito depois, Thom escreveu uma brilhante tese de doutorado, pela qual recebeu, em 1958, a maior honraria dos matemáticos, a Medalha Fields.

Alguns anos mais tarde, Thom conseguiu provar um teorema surpreendente. Ele tentava classificar "descontinuidades" e descobriu, para sua grande surpresa, que tais brechas na continuidade poderiam ser classificadas em meras sete categorias. Este resultado extraordinário mostrava que toda a variedade de fenômenos naturais podia ser reduzida a um pequeno número de cenários.

Thom chamou as descontinuidades de "catástrofes" e — como qualquer profissional de relações públicas sabe — o nome é tudo. A partir daí, a teoria da catástrofe estava na boca de todos. Infelizmente, em algum momento, a teoria de Thom caiu em mãos erradas. O mais importante livro que escreveu sobre o tema — totalmente incompreensível para o leigo — tornou-se um best-seller que muitas pessoas ficavam felizes em ter na estante, sem jamais tê-lo aberto.

Então, especialistas de outras áreas começaram a tomar conhecimento da teoria. Na verdade, o próprio Thom pensava que os resultados de sua pesquisa poderiam ser aplicados a outras disciplinas além da física. No entanto, quando cientistas sociais e representantes de outras ciências "moles", que, normalmente, não pensam quantitativamente, passaram a interessar-se pela nova teoria de Thom, foi um caminho sem volta.

A respeitabilidade da teoria da catástrofe estava irremediavelmente perdida. De repente, as pessoas passaram a pensar que viam as catástrofes de Thom em cada esquina. Psicólogos diagnosticavam-nas em súbitos ataques de ira de pacientes agitados, lingüistas detectavam-nas em alterações sonoras, cientistas comportamentais viam-nas no comportamento agressivo de cães, analistas financeiros percebiam-nas em quedas das bolsas de valores. Sociólogos interpretavam rebeliões em prisões e greves como catástrofes de Thom, enquanto historiadores pensavam que revoluções também eram desta categoria, e engenheiros de tráfego acreditavam que o mesmo se aplicava a engarrafamentos de trânsito. Até mesmo Salvador Dalí teve uma de suas pinturas inspirada pela teoria da catástrofe.

Inicialmente, os matemáticos ficaram maravilhados porque, finalmente, sua disciplina era reconhecida por colegas de outras áreas. Contudo, isto não terminou bem. Especialistas, ou pelo menos aqueles que se viam como tal, acreditavam que podiam prever o momento exato em que tais descontinuidades ocorreriam. A habilidade de prever o momento exato da próxima queda da bolsa de valores ou a data da próxima guerra civil seria, acreditavam eles, uma questão de tempo. No entanto, as coisas foram longe demais. Em 1978, os matemáticos Hector Sussmann e Raphael Zahler publicaram uma crítica devastadora na revista filosófica *Synthèse*. Eles atacaram as tentativas frustradas daqueles que buscavam aplicar a teoria da catástrofe a fenômenos sociais e biológicos. Argumentaram que a teoria matemática apenas tinha o direito de existir nas áreas da física e da engenharia.

Então, um dia, a teoria da catástrofe estava morta. Desapareceu da literatura científica, tão repentinamente como as catástrofes que pretendia analisar. Talvez, teria sido melhor que a teoria não tivesse se tornado tão popular e, em vez disto, tivesse se orientado pelas doutrinas da Cabala, a doutrina esotérica do judaísmo. Como a Cabala é uma secreta e mística escola de pensamento, sua doutrina apenas pode ser transmitida a homens maduros, de modo que o leigo demasiadamente entusiasta não possa clamar destruição com ela. Uma abordagem semelhante teria, certamente, sido benéfica para a teoria da catástrofe.

30

Simplicidade enganosa

A maioria das crianças do jardim-de-infância é capaz de trabalhar com números inteiros. Manipular frações é um pouco mais difícil. Os fofinhos terão que freqüentar a escola primária por alguns anos até que possam atacá-las. Entretanto, números irracionais são um caso totalmente diferente. Trabalhar com números que não podem ser expressos como uma fração de dois números inteiros representa a real dificuldade inicial.

O exato oposto se aplica a equações. É relativamente fácil encontrar soluções irracionais para problemas. O grande obstáculo aparece quando o problema exige que as soluções sejam apenas números inteiros. A seção da matemática que trata de tais problemas é chamada de teoria dos números. Uma irritante característica desta disciplina é a aparente simplicidade. À primeira vista, a proposição de problemas parece bastante simples. Apenas quando alguém se aprofunda nos detalhes é que as aterradoras dificuldades se tornam aparentes.

O matemático grego Diofanto, que viveu há cerca de 1.800 anos em Alexandria e é, freqüentemente, considerado o pai da álgebra, é tido como o fundador da teoria dos números. Em sua homenagem, equações com incógnitas que devem ser números inteiros são chamadas de equações diofantinas.

O principal trabalho de Diofanto, *Arithmetika*, consistia em cerca de 130 problemas e suas soluções. Infelizmente, os livros foram destruídos durante um incêndio na pequena biblioteca de Alexandria, no ano 391. Muitos anos mais tarde, no século XV, foram encontrados seis dos originais 13 livros. (Então, em 1968, outros quatro volumes emergiram, ainda que em uma incompleta tradução árabe.) Durante anos, estudiosos quebraram a cabeça com os manuscritos do antigo matemático grego e somente no século XVII alguém, finalmente, conseguiu decifrar o material. Este homem era Pierre de Fermat, um magistrado francês que gostava de passar o tempo livre explorando a matemática. Hoje, Fermat é conhecido, acima de tudo, por seu famoso último teorema. (Veja, também, o capítulo 28.)

Um problema que se originou com Diofanto ainda permanece sem solução nos dias de hoje: que números podem ser expressos como a soma de dois números inteiros ou de duas frações, cada um(a) elevado(a) à terceira potência? Esta pergunta pode ser respondida afirmativamente com os números 7 e 13, por exemplo, pois $7 = 2^3 + (-1)^3$ e $13 = (7/3)^3 + (2/3)^3$. Mas, o que dizer de números como 5 ou 35? Para responder a esta pergunta, é preciso estar familiarizado com os mais complicados métodos da matemática moderna.

Até agora, tudo o que matemáticos descobriram foi um método para determinar se uma decomposição de um número específico existe. Contudo, ainda não conseguem fornecer a decomposição propriamente dita. Para determinar se um número pode ser decomposto em cubos, o gráfico de uma certa função, chamada de função *L*, deve ser calculado para este número. Se o gráfico interceptar ou tocar o eixo *x* do sistema de coordenadas exatamente no ponto $x = 1$, o número em questão pode ser decomposto em cubos. Se o valor da função em $x = 1$ não for 0, nenhuma decomposição é possível. A condição é satisfeita pelo número 35: a função *L* associada a ele se anula exatamente em $x = 1$. Na verdade, 35 pode ser decomposto como $3^3 + 2^3$. Por outro lado, para o número 5, o gráfico da função *L* não toca nem intercepta o eixo *x*. Isto prova que 5 não pode ser decomposto em cubos.

Em 2003, Don Zagier, diretor do Instituto de Matemática Max Planck, em Bonn, Alemanha, apresentou, em Viena, duas palestras sobre decomposição cúbica diofantina para o público em geral. Zagier é um dos mais importantes matemáticos do mundo e sua principal área de trabalho é a teoria dos números. Ainda criança, ele já era conhecido como um prodígio. Zagier nasceu em 1951, na cidade alemã de Heidelberg, cresceu nos Estados Unidos, completou o ensino médio com 13 anos, graduou-se em matemática e física no Instituto de Tecnologia de Massachusetts aos 16 anos e doutorou-se na Universidade de Oxford aos 19 anos. Aos 23 anos obteve a habilitação — a qualificação alemã para lecionar — no Instituto de Matemática Max Planck. Aos 24 anos de idade, era o professor universitário mais jovem da Alemanha. Aliás, seus talentos não se limitam à matemática: ele fala nove línguas.

Uma das palestras de Zagier, parte da série de palestras Gödel em Viena, tinha o título "Pérolas da teoria dos números". A outra palestra decorreu na abertura do "*math.space*", um local exclusivo no quarteirão de museus de Viena, cujo propósito é abrigar exposições populares sobre matemática. A expectativa é que este tópico supostamente esotérico se torne mais acessível ao grande público dessa cidade que, em geral, passa o tempo em operetas e em cafés.

Zagier é um homenzinho excêntrico. Contudo, quando começa a explicar sua teoria favorita para a platéia, sua atuação deixaria um astro do rock roxo de inveja. Constantemente pulando para a frente e para trás entre dois retroprojetores, ele cativa a platéia com explicações matemáticas, dadas em um alemão perfeito, com o leve toque de um sotaque americano. Mesmo o maior sofredor de fobia à matemática se esquece que está assistindo uma aula de matemática. A satisfação que Zagier — conhecido por alguns como o supercérebro de Bonn — tem com sua vocação é evidente para todos. Assistir a uma de suas apresentações é como assistir à de um concertista virtuoso. É difícil acreditar que matemáticos como Zagier, às vezes, são acusados de estar envolvidos com uma ciência sem graça.

31

A BELEZA DA DISSIMETRIA

Símbolos, desenhos e construções simétricas fascinaram homens e mulheres por milênios. Na era pré-histórica, artesãos criavam jóias simétricas, possivelmente inspirados pelo corpo humano e pelos corpos de animais. Um dos mais velhos objetos de arte simétricos feitos por mãos humanas é um bracelete, decorado com um desenho extremamente complicado, que foi encontrado na Ucrânia e data do 11º milênio a.C. A arquitetura antiga também ostenta exemplos de simetria, como as pirâmides de Gizé (3000 a.C.) e o conjunto de pedras de Stonehenge (2000 a.C.).

Entretanto, simetria não pertence exclusivamente ao domínio da arte, assim como não pertence apenas à arquitetura. Cientistas também clamam propriedade. Em geral, uma vez que cientistas se põem a trabalhar, é a matemática que provê a linguagem e fornece as ferramentas para explorar os fenômenos da natureza.

Em geometria elementar, há três grandes classes de simetria. Primeiro, há figuras, como as letras M e W, que são "simétricas por reflexão": as duas metades são imagens espelhadas uma da outra. A linha que separa as duas metades — a reta vertical que passa pelo meio da cada letra — é chamada de eixo de simetria. Segundo, há formas, como as letras S e Z, que têm simetria rotacional. Elas coincidem com elas próprias após serem giradas de 180 graus em torno de um ponto. O ponto em torno do qual são giradas é chamado de centro de simetria rotacional. Finalmente, uma seqüência infinita de formas ou sinais, como KKKKKKKKK ou QQQQQQQQ, é dita ser simétrica por translação, pois coincide com ela própria quando deslocada (transladada) para a direita ou esquerda. Tipos mais complicados de simetria também existem e diferentes simetrias podem ser combinadas entre si. Padrões de papel de parede, por exemplo, podem ter simetria de reflexão, de rotação e de translação, todas ao mesmo tempo.

Durante o verão de 2003, uma conferência intitulada "Festival de Simetria" ocorreu em Budapeste, na qual cientistas e artistas se reuniram para uma semana de discussões interdisciplinares. Eles investigaram exemplos de simetria, entre eles batique, o sistema talamana de proporções de esculturas indianas e, uma obra-prima deste tipo de arte, as gravuras de M.C. Escher. Esta também foi uma ocasião para descartar, de uma vez por todas, alguns dos mitos que se tornaram tão caros para nós. Na verdade, por exemplo, o pentagrama, a figura de cinco pontas largamente aceita como tendo sido usada pelos pitagoristas como um sinal secreto, jamais teve este significado. A única fonte que atribui o pentagrama aos pitagoristas data do século II d.C., 700 anos após a morte de Pitágoras. Fontes de maior credibilidade identificam este sinal como o selo do rei Salomão. E foi, então, modificado para a estrela de seis pontas de Davi, que atualmente decora a bandeira nacional de Israel. Os mitos envolvendo a seção áurea, ou as "proporções divinas", aparentemente pertencem ao reino da fantasia e fábulas. A seção áurea foi considerada como proporção ideal apenas durante o século XIX, quando os românticos associaram-na à Idade Média, época que tanto admiravam.

Será, então, verdade que simetria é uma condição ideal? A maioria dos participantes da conferência achavam que a simetria total é muito enfadonha. Apenas quando uma pintura ou uma peça de música ou, até mesmo, um balé quebra sua simetria é que a arte se torna realmente interessante. Um ditado do zen-budismo diz que a beleza verdadeira apenas aparece quando a simetria é intencionalmente quebrada. O mesmo se aplica à ciência. Diversos fenômenos surgem na fronteira entre simetria e assimetria. Pierre Curie, o renomado físico francês e ganhador do Prêmio Nobel, disse uma vez: "*C'est la dissymétrie qui crée le phénomène*" ("É a dessimetria que cria o fenômeno"). Em meados do século XIX, Louis Pasteur descobriu que muitas substâncias químicas tinham "quiralidade". Este termo refere-se ao fato de que moléculas destras e canhotas podem existir — uma sendo a imagem espelhada da outra, mas que não podem, entretanto, ser trocadas uma com a outra, da mesma forma que uma luva de mão esquerda não serve na mão direita.

Um muito triste lembrete do fato de que esquerdo e direito nem sempre são intercambiáveis ocorreu durante a década de 1960. Na época, foi descoberto que existiam duas versões do ingrediente farmacológico talidomida, usado em um medicamento chamado Contergan — uma versão destra e uma canhota. Uma forma do componente é uma eficiente droga contra náusea; a outra causa as mais terríveis más-formações fetais.

A mais significativa quebra de simetria, segundo um dos participantes da conferência, ocorreu há cerca de 10 bilhões a 20 bilhões de anos. Matéria e antimatéria estavam em equilíbrio até que, repentinamente, algo — ninguém sabe exatamente o quê — aconteceu e causou um distúrbio na simetria. O resultado, diz ele, foi o Big-Bang.

32

ALEATÓRIO E NÃO TÃO ALEATÓRIO

Para decidir que time deve iniciar a partida, usualmente, um juiz de futebol lança uma moeda no ar e verifica se cai com cara ou coroa para cima. Em uma mesa de pôquer em um cassino, um crupiê joga um dado e verifica quantos pontos há na face de cima quando o dado pára de rolar. Na Mega-Sena, um jato de ar revolve um conjunto de bolas de pingue-pongue, cada uma com um número inscrito. Em um dado instante, a máquina engole uma das bolas e seu número é registrado. Em cada um destes casos, pode-se assumir seguramente que o resultado do lançamento foi obtido por puro acaso. Não se pode prever a face da moeda, o número de pontos no dado ou o número na bola de pingue-pongue.

Os puristas podem observar que um lado do dado ou da moeda pode ser mais pesado que o outro e que, por menor que seja, esta diferença de peso pode distorcer os resultados. Contudo, apesar desta pequena falha, estes objetos geram seqüências bem aceitáveis de números aleatórios (ou randômicos) — entre 0 e 1, no caso da moeda; entre 1 e 6, com os dados; entre 1 e 60, com as bolas de pingue-pongue da loteria.

Números aleatórios são importantes não apenas em jogos e no esporte. Há diversas outras áreas em que estes números são ferramentas indispensáveis do ofício. Em criptografia, por exemplo, números aleatórios (na verdade, números primos escolhidos aleatoriamente) são usados para codificar dados. Na engenharia ou na economia, números aleatórios são usados em simulações. Em vez de fazer cálculos elaborados do fluxo de trânsito de uma cidade usando teoria da probabilidade, situações de tráfego podem ser testadas com a ajuda de simulações. É possível escrever um programa de computador em que um semáforo específico ficará verde sempre que um certo número aleatório assumir valor entre 16 e 32, um caminhão se aproximará da esquerda se o número aleatório for ímpar, e assim por diante. A simulação é rodada milhares de vezes e um operador anota as observações: acidentes acontecem? Ocorrem engarrafamentos? Como números aleatórios são uma reminiscência de jogos de roleta, tais métodos ficaram conhecidos como simulações de Monte Carlo. Até mesmo a matemática, a mais exata de todas as ciências, tira proveito de simulações. Os volumes de formas complicadas, por exemplo, podem ser determinados por meio de métodos de Monte Carlo.

Há, no entanto, um problema na geração de números aleatórios com os métodos descritos acima. Técnicas que envolvem o lançamento de moedas, dados, bolas de pingue-pongue e outros objetos no ar são extremamente ineficientes. No máximo, apenas um número pode ser gerado por segundo. Para rodar simulações de alta qualidade, milhões ou, algumas vezes, bilhões de números aleatórios são necessários. O bom senso diz que computadores devem ser usados para gerar números aleatórios. Afinal, são capazes de produzir enorme quantidade de números em meras frações de segundo. Contudo, há um empecilho. Uma das grandes vantagens de computadores eletrônicos — a habilidade de, sem esforço, executar instruções predeterminadas repetidas vezes — se revela uma devastadora desvantagem quando se trata da geração de seqüências de números aleatórios. Começando com um número qualquer, computadores sempre calcularão o próximo número, com base no valor antecedente. Isto significa que, em uma seqüência de números aleatórios gerados por computador, surgem padrões e cada número pode, em princípio, ser previsto. A fórmula usada para gerar números "aleatórios" pode ser complexa e o padrão pode ser complexo, mas, apesar de tudo, sempre existe um padrão. Com razão, números aleatórios gerados por computador são chamados de números pseudo-aleatórios ou pseudo-randômicos. Mesmo que passem por testes de aleatoriedade, não são verdadeiramente aleatórios.

O truque usado na criação de números pseudo-aleatórios por computador envolve o emprego de um valor inicial aleatório, ou semente. Uma vez que uma semente tenha sido selecionada, o programa prossegue de forma determinística, mas incompreensível (para o usuário). As instruções de cálculo podem ser, por exemplo, "tome a raiz cúbica do número anterior, divida o resultado por 163 e escolha os 7º, 12º e 20º dígitos após a vírgula decimal". Com este número pseudo-aleatório de três dígitos na mão, o próximo número pseudo-aleatório pode ser calculado, e assim por diante. Obviamente, como este exemplo envolve apenas três dígitos, não mais que 1.000 números pseudo-aleatórios diferentes podem ser gerados. E sempre que o computador encontra um número de três dígitos que já tenha sido usado, o programa prosseguirá do mesmo ponto, gerando uma seqüência repetida de números. Invariavelmente, ciclos são, portanto, produzidos. O início do ciclo pode ser retardado aumentando o número de dígitos dos números pseudo-aleatórios para 15, 20 ou mais. Contudo, mesmo a mais longa seqüência de números pseudo-aleatórios terminará em um ciclo.

Qualquer que seja o tamanho do número pseudo-aleatório, é imperativo que o sinal que inicia o processo venha de fora do computador. Caso contrário, a rotina sempre será iniciada com a mesma semente e todas as seqüências geradas pelo programa serão idênticas. Muitas coisas podem servir como o sinal de partida: a hora em que o operador do computador aperta a tecla "Enter" do teclado, o movimento imperceptível e, portanto, randômico da mão do operador ao mover o mouse, e assim por diante.

Entretanto, por mais cuidadosamente elaborado que tenha sido o processo, ao final, todos os números aleatórios gerados por computador são do tipo "pseudo". Mesmo assim, cientistas pensaram que podiam obter resultados satisfatórios e usaram seus geradores de números aleatórios sem muito questionamento. Contudo, em 1992, três físicos descobriram, horrorizados, que suas simulações produziam previsões incorretas e, portanto, as conclusões a que chegaram estavam erradas. As coisas ficaram ainda piores. Em 2003, dois físicos alemães, Heiko Bauke e Stephan Mertens, provaram que geradores de números aleatórios binários produziam demasiados zeros e poucos uns, devido ao especial papel do zero em álgebra.

Organizações especializadas em números aleatórios identificaram nisto uma oportunidade. Decidiram gerar fora do computador não apenas o valor inicial, mas todos os números. As resultantes seqüências de números aleatórios são postas à disposição dos interessados via World Wide Web. As fontes destes números aleatórios são fenômenos naturais, como o ruído térmico de transistores, decaimento de material radioativo, rumor de lâmpadas de lava* ou ruído atmosférico de fundo — todos total, irrefutável e incontestavelmente aleatórios. Estes fenômenos podem ser medidos e registrados com a ajuda de contadores Geiger, termômetros ou megafone. Portanto, números genuinamente aleatórios são gerados e não sua versão "pseudo".

* Lâmpada elétrica decorativa, na qual uma certa quantidade de cera colorida se move para cima e para baixo em um recipiente cheio de líquido transparente, assumindo novas formas à medida que se move. (N.T.)

33

Como saber se é primo?

Números primos são artigos valiosos quando se trata de esquemas criptográficos para manter mensagens digitais secretas na internet, como números de cartões de crédito. A base da maioria dos métodos de criptografia são dois números primos muito grandes, multiplicados um pelo outro. A chave para decifrar a mensagem codificada é a recuperação dos dois fatores do produto resultante — uma tarefa que não é viável, pois exigiria um tempo enormemente longo. Como mesmo os mais rápidos dos computadores moedores de números levariam dias, semanas ou anos para encontrar os fatores primos de um número com algumas centenas de dígitos, os usuários de sites comerciais da internet podem estar seguros que os números de seus cartões de créditos não são acessíveis a ninguém, desde que, obviamente, o software correto seja utilizado. Apenas aqueles que possuem a chave, ou sejam, conhecem os fatores primos, podem decifrar a mensagem codificada.

Para usar este método de criptografia, é necessário ter certeza que os números usados para a codificação são, de fato, números primos. Se não forem, poderiam ser divisíveis em outros componentes e a fatoração do produto não teria resultado único. (Multiplicação dos dois números não primos 6 e 14 resulta em 84.

Este produto poderia, então, ser dividido em diferentes pares de fatores — por exemplo, 3 e 28 ou 7 e 12.) Nestes casos, algumas das chaves seriam as corretas e outras, as erradas. Assim, para evitar confusão, chaves em potencial devem ser certificadas como números primos, antes de serem usadas.

Entretanto, provar que um número é primo não é coisa fácil. Os existentes algoritmos que podem certificar se números são, realmente, primos consomem muito tempo ou, caso sejam rápidos, podem certificar se um número inteiro é primo apenas com uma certa probabilidade. Os profissionais anseiam por um algoritmo que seja capaz de determinar com certeza e de forma rápida se um número é primo ou não.

Isto é exatamente o que uma equipe de três cientistas da computação indianos conseguiram desenvolver. Manindra Agarwal e dois alunos, Neerja Kayal e Nitin Saxena, do Instituto Indiano de Tecnologia, em Kampur, utilizaram e estenderam o teorema de Fermat — o chamado pequeno teorema, não o mais famoso "último" teorema — para verificar se um número é primo ou não. Após a criação do algoritmo, uma análise do programa de computador mostrou um resultado extremamente surpreendente. O tempo exigido para fazer a verificação não crescia exponencialmente com o tamanho do número, mas de forma meramente polinomial.

Apenas uns poucos dias após os matemáticos publicarem o resultado de suas pesquisas na internet, agências de notícias e a mídia do mundo todo se agarraram à novidade. Celebraram a descoberta como um grande avanço. Os anúncios foram ligeiramente exagerados, embora, sob o ponto de vista de teoria, os três cientistas da computação tenham realmente conseguido um grande avanço. Em matemática, o termo "meramente" (como em "meramente" polinomial) é muito relativo. O tempo de execução do algoritmo proposto pelo professor indiano e seus alunos é, de fato, polinomial em *N*, onde *N* representa o número de dígitos do inteiro sob verificação. Contudo, é proporcional a N^{12}, o que significa que testar um número primo de 30 dígitos — que, para os padrões criptográficos, é uma chave extremamente pequena — exige algo da ordem de 30^{12} passos computacionais.

Levando em conta que os 1.000 maiores números primos conhecidos hoje têm mais de 40.000 dígitos — o presente recorde mundial lista um número primo de 4 milhões de dígitos —, rapidamente nos damos conta de que colocar o algoritmo descoberto para funcionar é uma outra questão.

Mesmo assim, este resultado inesperado causou alguma sensação entre colegas da área. Os três matemáticos tiveram uma bela e fundamentalmente nova idéia. Para aplicações práticas, o algoritmo é, sem dúvida, ainda demasiadamente lento. Contudo, agora que o gelo foi quebrado, especialistas têm confiança que formas mais eficientes de cálculo são iminentes. Apenas como uma nota de cautela, ninguém precisa se preocupar com a segurança do número de cartão de crédito. O método descoberto não pode ser aplicado para decifrar códigos criptográficos.

VI

Pot-pourri interdisciplinar

34

Um matemático julga os juízes [Direito]

Decisões tomadas pelos nove juízes da Suprema Corte dos Estados Unidos originam interpretações legais e políticas. Estudos sugerem que juízes são fortemente influenciados por pontos de vista políticos, sejam de esquerda, de direita, conservadores ou liberais. Contudo, como mostrou Lawrence Sirovich, matemático da Escola de Medicina Mount Sinai, na Cidade de Nova York, é possível fazer uma análise matemática dos veredictos, totalmente imparcial e objetiva. Em um artigo publicado na revista *Proceedings of the National Academy of Sciences* [Anais da Academia Nacional de Ciências], ele examinou detalhadamente 500 decisões tomadas pela Suprema Corte, presidida pelo juiz William Rehnquist, entre os anos de 1994 e 2002.

Em princípio, é possível imaginar duas espécies de tribunal, e toda uma variedade entre elas. Em um extremo, uma corte de juízes oniscientes, que — caso existissem — conheceriam a verdade absoluta e, portanto, suas decisões seriam unânimes. Essa corte seria matematicamente equivalente a um painel de juízes que são totalmente influenciados por considerações econômicas e políticas. Pressupondo que os juízes sejam influenciados da mesma maneira, seus votos seriam iguais. Nestes dois casos, bastaria ter apenas um juiz, pois os oito colegas seriam meros clones e, por conseguinte, supérfluos.

Em contraste com este eficiente e maçante cenário, existe, no outro extremo, a situação em que os juízes obedecem ao ideal platônico de tomar decisões independentemente um do outro. Eles não se deixam levar por pressões políticas, lobistas ou pelos próprios colegas. Neste tipo de tribunal, nenhum dos juízes seria dispensável.

Obviamente, variações entre estes dois extremos são possíveis. Para descobrir o cenário que existe na realidade, Sirovich analisou a chamada entropia das decisões dos juízes. Entropia é um termo da termodinâmica, que o matemático Claude Shannon aplicou à teoria da informação na década de 1940, e designa a extensão da "desordem" que existe em um sistema. Quando moléculas estão contidas na rede de um cristal (como no gelo, por exemplo), a ordem é grande e a entropia, pequena. Ninguém ficaria surpreso ao encontrar uma molécula em determinada posição na rede. Por outro lado, o movimento aleatório das moléculas em um gás corresponde a uma certa desordem e, portanto, a mais entropia.

Na teoria da informação, entropia se refere à quantidade de informação que existe em um sinal. Aplicação do termo às decisões de juízes implica o seguinte: se todos os juízes tomam exatamente a mesma decisão, a ordem está em um máximo e a entropia, em um mínimo. Se, por outro lado, os juízes tomam decisões independentes e aleatórias, a entropia é grande. Desta forma, entropia pode, também, ser usada como uma medida da quantidade de informação das decisões: se os juízes tomam decisões idênticas, a quantidade de informação é pequena. Bastaria conhecer a decisão de apenas um juiz e as opiniões dos outros seriam supérfluas.

Para calcular a quantidade de informação das 500 decisões do tribunal de Rehnquist, Sirovich computou a correlação entre as decisões tomadas por diferentes juízes. Ele observou que as decisões estavam longe de ser uma distribuição aleatória. Cerca da metade das decisões eram unânimes, não porque os juízes estavam sendo influenciados por forças externas, mas porque muitos casos eram, do ponto de vista legal, simples e diretos. Além disto, os juízes Scalia e Thomas deram votos iguais em mais de 93% dos casos que analisaram. Sempre que um desses juízes tomava uma decisão, era mais do que provável que o outro tomaria a mesma decisão. Era de conhecimento geral que, em muitos dos casos, as decisões do juiz Stevens diferiam da maioria e isto também deixou de surpreender as pessoas.

O trabalho de Sirovich mostrou que, em média, 4,68 juízes (sim, aqui estamos falando de juízes fracionários) tomaram suas decisões independentemente um do outro. Ou seja, agiram como árbitros "ideais". Isto implica que outros 4,32 juízes eram, na verdade, supérfluos, pois suas decisões eram, em geral, determinadas pelos outros juízes. O número de 4,68 é encorajador, diz Sirovich, pois prova que a maioria dos juízes são, em grande medida, independentes uns dos outros. Não são influenciados por qualquer tendência em particular nem pressionados, uns pelos outros, a tomar uma decisão unânime. Embora se possa aceitar que o número ideal de juízes independentes seria nove, isto não é, de fato, verdadeiro. Se os nove juízes fossem independentes, isto implicaria que cada decisão seria tomada aleatoriamente. Contudo, isto apenas seria possível se os juízes ignorassem totalmente os fatos diante de si e os argumentos legais. Obviamente, não seria do interesse da justiça nem estaria de acordo com o espírito da lei ter juízes que pudessem ser substituídos por geradores de números aleatórios.

Sirovich passou, então, a um cálculo matemático diferente. Agora, quis saber quantos juízes teriam sido necessários para lidar com 80% dos veredictos da mesma forma que a Suprema Corte de nove juízes teria feito. Cada decisão de uma corte de nove juízes (sim, não, sim, sim, não,...) pode ser considerada um ponto no espaço de nove dimensões. No entanto, como os votos dos juízes apresentam algum grau de correlação, este espaço pode ser reduzido. Para determinar de quanto o espaço poderia ser reduzido, Sirovich utilizou a "decomposição em valores singulares" da álgebra linear. Esta técnica tem sido aplicada com sucesso em diferentes áreas, como reconhecimento de padrões e análise da estrutura do cérebro, fenômenos caóticos e fluxo turbulento de fluido. A análise de Sirovich mostrou que 80% das decisões podiam ser representadas em um espaço bidimensional. Portanto, hipoteticamente, apenas dois juízes virtuais seriam necessários — ainda que compostos de diferentes partes dos nove juízes existentes — para dar cabo de quatro quintos de todas as decisões.

35

Eleições não são decididas apenas pelos eleitores [Ciências políticas]

A Suíça é conhecida como uma das principais democracias do mundo. Na verdade, no final do século XVIII, quando os Estados Unidos procuraram um modelo de governo para seus 13 estados, o modelo suíço de cantões foi o adotado. A Suíça consiste em 25 cantões, e cada um deles quer, e consegue, ter voz nos assuntos do estado. A cada 10 anos, os cidadãos de todos os cantões elegem seus representantes no Conselho Federal. O artigo 149 da Constituição Federal da Suíça estipula, entre outras coisas, que o Conselho Federal seja composto de 200 representantes e que as cadeiras sejam alocadas proporcionalmente em relação à população de cada cantão.

Poderíamos pensar que nada seria mais fácil que atender a estas estipulações, mas a verdade é outra. As instruções irrefutáveis da constituição não são, em geral, obedecidas. A razão é que cada cantão pode apenas enviar um número inteiro de representantes para o Conselho Federal. Tomemos o cantão de Zurique, por exemplo. Na última contagem, este cantão tinha 1.247.906 habitantes, o que corresponde a 17,12% da população suíça. Quantos representantes Zurique pode enviar para o Conselho Federal? Para a casa de 200 cadeiras, poderá o cantão enviar 34 ou 35 representantes para a capital, Berna? E, uma vez que a questão da representatividade regional tenha sido resolvida, como estas 34 ou 35 cadeiras podem ser proporcionalmente divididas entre os partidos que participaram da eleição em Zurique?

Uma maneira simples de alocar cadeiras no parlamento é arredondando os resultados. Este método, no entanto, é insatisfatório, pois arredondar para cima ou para baixo pode, em geral, levar a uma alteração do número total de cadeiras, o que violaria o artigo 149 da constituição. Algum outro método deve, portanto, ser encontrado.

De acordo com os teóricos que tratam de problemas de distribuição proporcional, um método justo para alocar as cadeiras em um conselho deve atender a dois requisitos. Primeiro, o método deve fornecer números de cadeiras iguais aos números calculados, arredondados para cima ou para baixo. Portanto, Zurique tem direito a não menos que 34 e não mais que 35 representantes. Esta é a chamada regra da cota. Segundo, o método de alocação não deve produzir resultados paradoxais. Por exemplo, o número de cadeiras alocadas a distrito eleitoral cuja população está em crescimento não deve ser reduzido em favor de um distrito cuja população esteja diminuindo. Este é o chamado "requisito de monotonia".

À primeira vista, os requisitos parecem ser razoáveis. Contudo, quando investigados matematicamente ou testados na prática, ficam longe disto. Em 1980, o matemático Michel Balinsky e o cientista político Peyton Young provaram um resultado muito sério, embora decepcionante: não existe um método ideal de distribuição proporcional. Um método que satisfaz a regra da cota não pode satisfazer o requisito de monotonia, e um método que satisfaz o requisito de monotonia deixa de satisfazer a regra da cota.

Então, o que deve ser feito? O artigo 17 da lei federal suíça determina que as cadeiras do Conselho Federal devem ser distribuídas proporcionalmente entre os cantões. Primeiro, deve ser alocada uma cadeira a cada um dos cantões cujas populações são demasiadamente pequenas para assegurar um representante próprio. A seguir, é calculado o número de cadeiras a serem alocadas aos outros cantões, com frações e tudo. Depois, é feita uma distribuição preliminar de cadeiras: cada cantão recebe o número arredondado de cadeiras. Finalmente, na chamada distribuição do resíduo, as cadeiras que sobraram são distribuídas entre os cantões cujas frações desprezadas são as maiores. O método parece aceitável, apesar de favorecer um pouco os partidos maiores: arredondar 3,3 cadeiras para 3 é mais penoso que arredondar 28,3 para 28.

Embora o método pareça tão razoável, pode causar problemas enormes. O primeiro veio à tona nos Estados Unidos, que usavam o mesmo método de alocação de cadeiras nos anos 1880. Um funcionário cuidadoso, que também era bom com números, deu-se conta, com grande surpresa, que o estado de Alabama perderia um deputado se o tamanho do Congresso fosse aumentado de 299 para 300 cadeiras. Esta situação absurda, que contradiz o requisito de monotonia, foi, então, chamada de paradoxo do Alabama. No exemplo ilustrado na Tabela 1, um aumento no tamanho da Câmara dos Deputados de 24 para 25 cadeiras teve a ridícula conseqüência de que o Estado A perdeu um representante.

No que diz respeito à Suíça, este problema deixou de existir em 1963, quando o número de deputados, que antigamente variava,

TABELA 1 O paradoxo do Alabama (O Estado A perde uma cadeira, mesmo que o tamanho do Conselho Federal seja aumentado)

	Estado A	Estado B	Estado C	Total
Conselho com 24 cadeiras				
População	390	700	2.700	3.790
Proporção	10,29%	18,47%	71,24%	
Proporção x cadeiras	2,47	4,43	17,10	
Distribuição preliminar	2	4	17	23
Resíduo	0,47	0,43	0,10	
Distribuição do resíduo	1	0	0	
Número total de cadeiras	3	4	17	24
Conselho com 25 cadeiras				
População	390	700	2.700	3.790
Proporção	10,29%	18,47%	71,24%	
Proporção x cadeiras	2,57	4,62	17,81	
Distribuição preliminar	2	4	17	23
Resíduo	0,57	0,62	0,81	
Distribuição do resíduo	0	1	1	
Número total de cadeiras	2	5	18	25

foi fixado em 200. Nos Estados Unidos, o tamanho do Congresso foi, desde 1913, fixado em 435 deputados.

No entanto, o paradoxo do Alabama não é o único problema em potencial. Um outro paradoxo, referido como o paradoxo da população, pode surgir em determinadas circunstâncias. Distritos eleitorais cujas populações tenham aumentado poderiam perder deputados em favor de outros distritos cujas populações tenham diminuído. No exemplo da Tabela 2, o Estado C, cuja população diminuiu, ganha um deputado adicional à custa do Estado A, cuja população aumentou. Nesse paradoxo e no paradoxo do Alabama, a culpa é das partes fracionárias de cadeiras. O paradoxo da população ainda preocupa a Suíça, apesar de não ter, até agora, causado qualquer problema. Seguindo o princípio "se não quebrou, não conserte", a questão foi posta de lado. Por enquanto, o método de arredondar para baixo e depois distribuir as cadeiras restantes de acordo com as maiores frações ainda está em vigor.

TABELA 2 O paradoxo da população (A população do Estado C diminui. Mesmo assim, o estado ganha uma cadeira à custa do Estado A, cuja população aumenta)

	Estado A	Estado B	Estado C	Total
Parlamento com 100 cadeiras				
Censo de 1990	6.570	2.370	1.060	10.000
Proporção	65,7%	23,7%	10,6%	
Distribuição preliminar	65	23	10	98
Resíduo	0,7	0,7	0,6	
Distribuição do resíduo	1	1	0	2
Número total de cadeiras	66	24	10	100
Censo de 2000	6.600	2.451	1.049	10.100
Proporção	65,35%	24,26%	10,39%	
Distribuição preliminar	65	24	10	99
Resíduo	0,35	0,26	0,39	
Distribuição do resíduo	0	0	1	1
Número total de cadeiras	65	24	11	100

Contudo, os problemas não acabaram, mesmo depois que as 200 cadeiras do Conselho Federal tenham sido distribuídas proporcionalmente aos cantões. As cadeiras de cada cantão devem ser alocadas aos partidos políticos. Os artigos 40 e 41 da lei federal da Suíça estabelecem como isto deve ser feito. A chave para a distribuição tem por base a proposta de Victor d'Hondt (1841-1901), um advogado belga, especialista em impostos e professor de direitos civis e lei fiscal da Universidade de Gent.

D'Hondt sugeriu uma regra que assegura que o maior número de eleitores esteja por trás de cada cadeira. A regra funciona da seguinte maneira: para cada cadeira, o número de votos a favor de um partido é dividido pelo número de cadeiras já alocadas ao partido, mais um. A cadeira então vai para o que teve mais votos. O processo continua até que todas as cadeiras tenham sido ocupadas. (A Tabela 3 deve tornar mais claro este procedimento aparentemente complicado.)

Não demorou muito para que os suíços se dessem conta que haviam reinventado a roda. Na verdade, o método proposto por d'Hondt é computacionalmente equivalente ao proposto, cem anos antes, pelo presidente Thomas Jefferson. Ele usou, nos Estados Unidos, o método para distribuição proporcional de delegados na Câmara dos Deputados. Os suíços, por outro lado, se recusavam a ceder a propriedade do título aos belgas ou aos americanos e decidiram dar ao método o nome de Eduard Hagenbach-Bischoff, em homenagem ao professor de matemática e física da Universidade da Basiléia. Hagenbach-Bischoff havia se deparado com o método enquanto atuava como conselheiro da cidade da Basiléia.

TABELA 3 Método de Jefferson-d'Hondt-Hagenbach-Bischoff (Dez cadeiras devem ser alocadas)

	Lista A	Lista B	Lista C
Votos	6.570	2.370	1.060
Cadeira .1	6.570*	2.370	1.060
Cadeira .2	3.285*	2.370	1.060
Cadeira .3	2.190	2.370*	1.060
Cadeira .4	2.190*	1.185	1.060
Cadeira .5	1.642*	1.185	1.060
Cadeira .6	1.314*	1.185	1.060
Cadeira .7	1.095	1.185*	1.060
Cadeira .8	1.095*	790	1.060
Cadeira .9	938	790	1.060*
Cadeira .10	938*	790	530
Total	7	2	1

NOTA: O número de votos de cada lista é dividido pelo número de cadeiras já alocadas, mais um. A lista com maior número de votos (denotada por *) recebe a cadeira, até que todas tenham sido alocadas).

O fato de que o método de Jefferson-d'Hondt-Hagenbach-Bischoff favoreça ligeiramente os partidos maiores não é considerado uma grande falha. Na verdade, apenas quando aplicado de modo cumulativo é que os partidos menores sentirão um impacto desvantajoso — por exemplo, quando a casa usa o método de d'Hondt uma segunda vez para preencher várias comissões. Parafraseando Winston Churchill, poder-se-ia dizer que o método de Jefferson-d'Hondt-Hagenbach-Bischoff é a pior forma possível de alocar cadeiras... exceto todos os outros que foram tentados.

36

Um dólar nem sempre vale um dólar (Seguros)

Em 1713, Nikolaus Bernoulli (1687-1759), o famoso matemático suíço, propôs uma questão com o seguinte jogo:

— Lance uma moeda.

— Se der cara, você ganha $2 e o jogo acaba. Caso contrário, jogue novamente.

— Se der cara desta vez, você ganha $4 e assim por diante. Sempre que der coroa, o prêmio dobra.

— Após lançar a moeda *n* vezes, o jogador ganha $\$2^n$ se der cara pela primeira vez.

Após 30 jogadas, esta é uma soma de mais de $1 bilhão, um prêmio fabuloso. Agora, a questão: quanto um jogador pagaria pelo direito de tentar este jogo? A maioria das pessoas ofereceria algo entre $5 e $20, mas será que isto é razoável? Por um lado, a chance de ganhar mais de $4 é de apenas 25%. Por outro lado, o prêmio pode ser enorme, porque a probabilidade de obter uma seqüência muito longa de coroas antes da ocorrência da primeira cara, embora muito pequena, não é, de modo algum, nula. O grande prêmio a ser ganho neste caso compensa a pequena probabilidade de sucesso. Nikolaus Bernoulli mostrou que o prêmio esperado é infinito! (O prêmio esperado é calculado multiplicando-se todos os prêmios possíveis pela probabilidade de serem obtidos e somando-se os números resultantes.)

E aí reside o paradoxo: se o prêmio esperado é infinito, por que ninguém está disposto a pagar $100.000, $10.000, ou mesmo $1.000 para tentar o jogo?

A explicação deste comportamento misterioso toca as áreas de estatística, psicologia e economia. Dois outros matemáticos suíços, Gabriel Cramer (1704-1742) e o primo de Nikolaus, Daniel Bernoulli (1700-1782), sugeriram uma solução. Eles postularam que $1 nem sempre tem a mesma "utilidade" para o proprietário. Um dólar traz mais utilidade para um mendigo que para um milionário. Para o primeiro, dever $1 pode representar a diferença entre ir para cama à noite com fome ou não, já o último nem ao menos notaria o aumento de sua fortuna em $1. Da mesma forma, o segundo bilhão que alguém ganharia se as primeiras 31 jogadas dessem coroa não teria a mesma utilidade que o primeiro bilhão, que já teria sido recebido após 30 jogadas. A utilidade de $2 bilhões não é duas vezes a utilidade de $1 bilhão.

Aqui reside, portanto, a explicação do mistério. O fator crucial é a *utilidade esperada* do jogo (a utilidade dos prêmios multiplicadas por suas probabilidades), que é muito menor que o *prêmio esperado*. O tratado de Daniel Bernoulli foi publicado nos *Commentaries of the Imperial Academy of Science of S. Petersburg* [Comentários da Imperial Academia de Ciências de S. Petersburgo] e esta surpreendente percepção passou a ser chamada de paradoxo de S. Petersburgo.

Por volta de 1940, a idéia da função utilidade foi adotada por dois imigrantes da Europa que trabalhavam no Instituto para Estudos Avançados, na Universidade Princeton, em Nova Jersey. John von Neumann (1903-1957), um dos mais extraordinários matemáticos do século XX, era judeu e tinha sido forçado a fugir da Hungria natal quando os nazistas a invadiram. O economista Oskar Morgenstern (1902-1976) havia deixado a Áustria porque odiava os nacional-socialistas.

Na Universidade Princeton, os dois imigrantes trabalharam juntos no que pensaram seria um curto artigo sobre a teoria de jogos. Contudo, o tratado continuou crescendo. Quando foi finalmente publicado, em 1994, sob o título *Theory of Games and Economic Behavior* [Teoria de jogos e comportamento econômico], ocupava 600 páginas. Este trabalho pioneiro viria a ter profunda influência no futuro desenvolvimento da economia. No livro, a função utilidade de Bernoulli e Cramer serviu como um axioma para descrever o comportamento do proverbial "homem econômico". Entretanto, logo foi observado que, em situações com probabilidades muito baixas e grandes quantias de dinheiro, os candidatos dos ensaios freqüentemente tomavam decisões que contrariavam o axioma postulado. Os economistas permaneceram impassíveis. Insistiam que a teoria estava correta e que muitas pessoas estavam simplesmente agindo de forma irracional.

Apesar das deficiências, a teoria da utilidade teve conseqüências abrangentes. A explicação que Bernoulli e Cramer ofereceram para o paradoxo de S. Petersburgo estabeleceu a base teórica para o negócio de seguros. A existência de uma função utilidade significa que a maioria das pessoas preferem ter $98 em dinheiro que apostar em uma loteria em que poderiam ganhar $70 ou $130, cada um com probabilidade de 50%, embora a loteria tenha o prêmio esperado de $100. A diferença de $2 é o prêmio que a maioria de nós estaríamos dispostos a pagar por um seguro contra a incerteza. O fato de que muitas pessoas façam seguros para evitar riscos e, ao mesmo tempo, gastem dinheiro com bilhetes de loteria para correr riscos é um outro paradoxo, que ainda aguarda uma explicação.

37

Comprimindo a *Divina comédia* [Lingüística]

A quantidade de dados que desejamos armazenar nos discos rígidos de nossos computadores aumenta a uma taxa ainda maior que a rapidamente crescente capacidade dos meios de armazenamento. Portanto, são procuradas soluções de software que nos permitam empacotar os dados nos discos de forma cada vez mais densa, superando, assim, as limitações de hardware. Contudo, técnicas de compressão podem ter aplicações inesperadas.

Para entender a compressão de dados, é necessário entender a noção de entropia. Na física, entropia é uma medida da desordem em um sistema — por exemplo, em um gás. Em telecomunicações, entropia é uma medida da quantidade de informação contida em uma mensagem. Por exemplo, uma mensagem consistindo em 1.000 repetições do número 0 contém pouca informação e tem uma entropia muito baixa. A mensagem pode ser comprimida à fórmula concisa "1.000 vezes 0". Por outro lado, uma seqüência totalmente aleatória de uns e zeros tem uma entropia muito alta. Esta seqüência não pode ser comprimida de forma alguma e a única maneira de armazená-la é repetindo cada caractere.

Entropia relativa indica quanto espaço de armazenamento é desperdiçado se uma seqüência de caracteres for comprimida com um método que tenha sido otimizado para uma seqüência diferente. O código Morse, otimizado para a língua inglesa, serve como exemplo. À letra que ocorre com maior freqüência em inglês, "e", foi alocado o código mais curto: um ponto. Às letras que aparecem raramente, foram alocados códigos mais longos — por exemplo, "- -.-" para "q". Para outras línguas, o código Morse não é ideal, porque os comprimentos dos códigos não correspondem às freqüências das letras. Entropia relativa mede, então, quantos pontos e traços adicionais são necessários para transmitir, digamos, um texto em italiano com um código que foi otimizado para a língua inglesa.

A maioria das rotinas de compressão de dados baseia-se em um algoritmo desenvolvido na década de 1970 por dois cientistas israelenses do Technion, em Haifa. O método que Abraham Lempel, um cientista da computação, e Jacob Ziv, um engenheiro elétrico, inventaram tira proveito do fato de que, muito freqüentemente, seqüências idênticas de bits e bytes ocorrem em um arquivo.* À primeira ocorrência de uma seqüência no texto, esta é registrada em uma espécie de dicionário. Quando a seqüência ocorre novamente, um ponteiro simplesmente indica a posição apropriada no dicionário. Como o ponteiro ocupa menos espaço que a própria seqüência, o texto é comprimido. Ainda há mais. A preparação da tabela que lista todas as seqüências não segue as

* Um byte é um conjunto de oito bits, uma unidade completa de informação. (N.T.)

regras de compilação de um dicionário comum. Ao contrário, a regra se adapta ao arquivo específico a ser comprimido. O algoritmo "aprende" que seqüência ocorre mais freqüentemente e, então, adapta a compressão a ela. À medida que aumenta o tamanho do arquivo, o espaço necessário para armazená-lo diminui em direção à entropia do texto.

Não há limites para o uso criativo de computadores na ciência. Algoritmos de compressão também podem ser aplicados a outras áreas além do armazenamento de arquivos de computador com economia de espaço. Dois matemáticos e um físico — Dario Benedetto, Emanuele Caglioti e Vittorio Loreto, da Universidade La Sapienza, em Roma — decidiram colocar o algoritmo Lempel-Ziv para trabalhar. Eles tinham como objetivo a identificação de autores de peças literárias. Noventa textos escritos por 11 autores italianos (incluindo Dante Alighieri e Pirandello) foram usados como material bruto. O texto de um certo autor foi escolhido e dois textos curtos de igual comprimento foram separadamente anexados: um do mesmo autor e outro, de autor diferente. Os dois arquivos foram, então, passados aos programas de compressão — como o onipresente WinZip — e os cientistas verificaram quanto espaço cada um exigia. Os cientistas conjecturaram que a entropia relativa do texto combinado daria uma indicação sobre a autoria do texto anônimo. Se os dois textos houvessem sido escritos pelo mesmo autor, o algoritmo exigiria menos espaço que se o texto anexado tivesse sido escrito por um outro autor. Nesse último caso, a entropia relativa seria maior, pois o algoritmo teria de considerar os diferentes estilos e distintas palavras usadas pelos dois autores. Em conseqüência, usaria mais espaço para armazenar o arquivo. Desta forma, quanto menor o arquivo comprimido do texto combinado, maior a probabilidade de que os textos original e anexado sejam do mesmo autor.

O resultado do experimento foi simplesmente fabuloso. Em quase 95% dos casos, os programas de compressão permitiram a correta identificação do autor.

Entusiasmados com o sucesso da abordagem recém-descoberta, os três cientistas deixaram de observar, ou, pelo menos, deixaram de mencionar na bibliografia, que seu método não era tão original quanto imaginavam. Na verdade, não foram eles os primeiros a imaginar que métodos matemáticos pudessem ser usados para atribuir textos literários a seus autores. Em 1932, George Zipf, professor de lingüística da Universidade Harvard, já havia estudado tópicos como a freqüência de palavras. E, em 1944, o escocês George Yule tinha mostrado, em um artigo intitulado "The Statistical Study of Literary Vocabulary" [Análise estatística do vocabulário literário], como tinha sido capaz de atribuir o manuscrito *De imitatione de Christo* [A imitação de Cristo] ao bem conhecido místico Thomas à Kempis, que viveu na Holanda, no século XV. Obviamente, menção deve ser feita aos "Federalist Papers" [Ensaios federalistas] do século XVIII, cuja autoria (Alexander Hamilton, James Madison e John Jay) foi determinada em 1964 pelos estatísticos americanos R. Frederick Mosteller e David L. Wallace.

Como tudo havia corrido tão extremamente bem, Benedetto, Caglioti e Loreto decidiram fazer outro experimento. Analisaram o grau de afinidade entre línguas diferentes. Duas línguas pertencentes à mesma família lingüística deveriam ter baixa entropia relativa. Portanto, a compressão de uma combinação de dois textos escritos em línguas relacionadas deveria ser mais eficiente que se fossem escritos em duas línguas que não pertencem à mesma família. Os cientistas analisaram 52 duas línguas européias diferentes. Mais uma vez, seus esforços foram bem-sucedidos. Usando o programa WinZip, conseguiram associar cada língua a seu correto grupo lingüístico. Italiano e francês, por exemplo, têm entropia relativa baixa e, portanto, pertencem ao mesmo grupo lingüístico. Sueco e croata, por outro lado, têm alta entropia relativa e devem vir de distintos grupos lingüísticos. O programa WinZip foi, ainda, capaz de identificar maltês, basco e húngaro como línguas isoladas, que não pertencem a qualquer dos conhecidos grupos lingüísticos.

Devido ao sucesso dos experimentos, os três cientistas ficaram otimistas em relação à possibilidade de que a medida da entropia relativa com programas de compressão também possa funcionar com outras seqüências de dados, como seqüências de DNA ou movimentações do mercado de ações.

A PROVA DOS NOVE

O método descrito anteriormente inspirou este escritor a fazer um teste. As amostras de textos foram artigos que escrevi como parte de minha coluna jornalística para o *Neue Zürcher Zeitung*, um grande jornal diário da Suíça. Havia 18 artigos cobrindo eventos em Israel e compreendiam cerca de 14.000 palavras e 105.000 caracteres. Depois de remover todos os títulos e subtítulos, os textos foram armazenados como um arquivo ASCII e comprimidos com WinZip.* Dei uma olhada no resultado e levei o susto de minha vida. A compressão encolheu os textos originais, que escrevi com diligente esforço ao longo de um mês inteiro, em dois terços. A conclusão inevitável era que apenas 33% dos textos originais continham informação significativa, enquanto dois terços eram pura entropia. Em outras palavras, eram totalmente redundantes.

Procurei consolar-me com o argumento de que a informação significativa era provida pela competente seqüência de palavras e não pelo texto propriamente dito. Para provar esta tese salvadora, coloquei as 14.000 palavras em ordem alfabética e, então, as comprimi novamente. Oh! Veja só: a seqüência de palavras em ordem alfabética foi comprimida em mais de 80% e, assim, oferecia apenas

* O código ASCII (*American Standard Code for Information Interchange*, Código Padrão Norte-americano para Troca de Informação) é um código universalmente usado para representar caracteres alfanuméricos, de pontuação e outros. Cada caractere é designado por um número decimal entre 0 e 127, que, por sua vez, é transcrito na representação binária. (N.T.)

20% de informação. (Obviamente, isto não foi surpresa, pois as palavras "Israel" e "israelense" apareciam cerca de 231 vezes, e a palavra "palestino", em todas as suas derivações, aparecia um total de 195 vezes.) O que isto mostra é que colocar as palavras em uma seqüência inteligente — de uma forma que apenas um jornalista competente pode fazer — oferece cerca de 13% mais informação que um simples dicionário. Não é uma grande consolação, mas suficiente para eu poder dar um suspiro de alívio.

Contudo, outro choque ainda estava por vir. Uma combinação aleatória das 14.000 palavras foi comprimida em apenas 60%. A comparação disto com a taxa de compressão de 66% dos textos originais deixou a clara impressão de que uma coleção totalmente aleatória de palavras continha mais informação que os próprios artigos.

Para o teste, três textos de amostra foram usados: dois longos artigos de 1.000 palavras cada um, um escrito por mim e outro, por Stefan, um editor do jornal, e um artigo curto, de 50 palavras, escrito por mim. O texto curto foi anexado a cada um dos textos mais longos e os dois arquivos foram comprimidos.

Os resultados concordaram com os obtidos pelos cientistas italianos. Quando meu texto mais curto, que continha 462 caracteres, foi anexado ao meu texto longo, o WinZip precisou de 159 caracteres adicionais. Quando anexado ao longo texto de Stefan, o programa de compressão precisou de 209 caracteres. Isto prova que o texto mais curto não foi escrito por Stefan, mas pelo sinceramente seu.

38

A FÓRMULA FUNDAMENTAL DA NATUREZA [BOTÂNICA]

D'Arcy Thompson (1860-1948) foi um biólogo, estudioso dos clássicos e matemático escocês, bem conhecido por seus interesses variados e hábitos ligeiramente excêntricos. Nos dias de hoje, provavelmente, é mais conhecido por seu trabalho pioneiro, *On Growth and Form* [Sobre crescimento e forma], publicado em 1917, no qual demonstra que fórmulas e procedimentos matemáticos podem descrever as formas de muitos organismos vivos e flores. Mexilhões, por exemplo, podem ser visualizados como espirais logarítmicas; favos de mel podem ser entendidos como as formas de menor circunferência, dentre todos os polígonos que cobrem uma superfície sem deixar vãos.

Contudo, a mais impressionante observação de d'Arcy é que as formas de animais de aparências bem diferentes são, amiúde, matematicamente idênticas. Usando a correta transformação de coordenadas — ou seja, empurrando, puxando e girando — uma carpa pode ser transformada em um peixe-lua. Isto também se aplica a outros animais. Os perfis de muitas das criaturas de quatro patas e pássaros diferem uns dos outros apenas pelas variações de comprimento e de ângulos em suas formas.

A explicação de d'Arcy Thompson para este fenômeno era que diferentes forças haviam esticado e apertado o corpo até que assumisse uma forma aerodinâmica ou alguma outra adequada a seu hábitat. "Tudo é do jeito que é porque ficou assim", escreveu ele. A forma modificada é, então, passada à próxima geração. Uma vez que isto pode ser interpretado como uma adaptação ao meio ambiente, as observações de d'Arcy encaixavam-se perfeitamente bem na já popular visão darwinista do mundo. (Como nota à parte, a técnica de enfatizar e distorcer características faciais ou corporais — orelhas salientes, cabeças oblongas, narizes grandes — tem sido o ofício dos caricaturistas por séculos, para o imenso deleite dos leitores.)

O culto escocês não era o primeiro a usar a matemática para descrever fenômenos naturais. Na virada do século XIII, Leonardo Bonacci, de Pisa, posteriormente conhecido como Fibonacci (filho de Bonacci), havia estudado como os coelhos se multiplicam. A pergunta que fez era quantos casais de coelhos coexistem em algum momento no tempo, começando com um casal de coelhos bebês. Ao final do primeiro mês, o casal atinge a maturidade e os dois coelhos acasalam. Ainda há apenas um casal de coelhos, mas, no fim do segundo mês, a fêmea dá à luz um novo casal. Agora, há um casal adulto e um casal de bebês. Os adultos acasalam novamente e, no final do terceiro mês, produzem um novo casal. Neste ponto, há três casais de coelhos. Um deles acabou de nascer, mas os outros dois são velhos o suficientes para acasalar, o que, sendo coelhos, fazem. Um mês mais tarde, estes dois casais produzem, cada um, um novo casal, de modo que agora um total de cinco casais coexistem. A resposta à pergunta de Fibonacci é uma seqüência que, desde então, foi chamada de seqüência de Fibonacci. Aqui estão os primeiros termos: 1, 1, 2, 3, 5, 8, 13, 21, 34, ... O processo continua indefinidamente, cada número na seqüência é calculado como a soma dos dois predecessores (por exemplo, $13 + 21 = 34$). Obviamente, isto não prova que coelhos conquistarão o mundo, mas apenas que Fibonacci se esqueceu de levar em conta que coelhos tendem a morrer depois de um certo tempo. (O que este exemplo prova é que, apesar do raciocínio impecável, às vezes os matemáticos abusam de sua ciência e tiram conclusões errôneas, simplesmente por partirem de uma hipótese incorreta.)

A seqüência de Fibonacci ocorre sob muitos disfarces. As sementes de girassol, por exemplo, são dispostas em dois grupos de espirais, um girando para a direita e outro, para a esquerda. Os números de espirais nos dois grupos usualmente correspondem a dois números consecutivos da seqüência de Fibonacci, por exemplo, 21 e 34. O número de espirais em pinhas e abacaxis e o número de espinhos em um cacto também correspondem a dois números consecutivos da seqüência de Fibonacci. Ninguém sabe ao certo por que, mas há uma suspeita de que o fenômeno esteja, de alguma forma, relacionado à eficácia do crescimento das plantas.

Johan Gielis, um botânico belga que, no passado, interessou-se por arbustos de bambu, decidiu juntar-se à longa lista de cientistas cuja ambição era reduzir os fenômenos naturais a um único princípio simples. Seu trabalho, publicado na revista *The American Journal of Botany* [Revista Americana de Botânica], rapidamente chamou a atenção do público, devido, é bom mencionar, à ativação de uma poderosa máquina publicitária e à frase chamativa — *The*

Superformula — usada no artigo. No trabalho, Gielis se propõe a mostrar que muitas formas encontradas em organismos vivos podem ser reduzidas a uma única forma geométrica.

Ele começa com a equação de um círculo que, por meio do ajuste de certos parâmetros, pode ser transformada na equação de uma elipse. Variações adicionais da equação geram outras formas — triângulos, quadrados, a forma de estrelas, formas côncavas e convexas e muitas outras figuras. Em vez de puxar e esticar as figuras, como d'Arcy havia feito muitos anos antes, Gielis puxou e esticou seis variáveis de sua Superfórmula, simulando, assim, figuras de diferentes plantas e organismos. Como todas as formas que emergem desse processo resultam de transformações do círculo, Gielis sustenta que são idênticas umas às outras.

A Superfórmula não pode, de modo algum, ser definida como matemática superior. Tampouco oferece visões ou descobertas revolucionárias. Apesar do alvoroço da mídia e das honrarias conferidas a ela, a Superfórmula está mais para matemática de lazer que para qualquer coisa séria que pudesse excitar os cientistas. Fibonacci, ao menos, tentou dar uma explicação para sua seqüência em termos da reprodução de coelhos. E d'Arcy Thompson descobriu suas transformações estudando forças que supostamente agiam sobre o corpo de um organismo. A Superfórmula de Gielis, por outro lado, não oferece qualquer explicação. Meramente dá descrições aproximadas de um número de formas orgânicas. Esta deficiência, no entanto, não impediu que o autor patenteasse o algoritmo para a fórmula e criasse uma companhia para desenvolver e comercializar sua invenção.

39

Empilhando palavras como laranjas e tomates [Ciência da computação]

Em agosto de 2002, o Congresso Internacional de Matemáticos ocorreu em Pequim. Essa monumental convenção, realizada a cada quatro anos e que reúne milhares de matemáticos de todos os cantos do mundo, é uma boa oportunidade para premiar o mais merecedor dentre os muitos merecedores. Desde 1982, o Prêmio Nevanlinna (em homenagem ao matemático finlandês Rolf Nevanlinna) tem sido concedido a trabalhos excepcionais na área de teoria da ciência de computação. Em 2002, Madhu Sudan, professor do Instituto de Tecnologia de Massachusetts, foi o contemplado. A louvação mencionava, entre outras coisas, a fundamental contribuição de Sudan para a área de códigos corretores de erros.

Usuários de computador têm, provavelmente, familiaridade com software de correção de erros. A maioria dos programas processadores de textos oferece esta facilidade na forma de um verificador de ortografia. Se, por exemplo, você teclar "rse", uma linha vermelha ondulada sob a absurda combinação de letras indicará que tal palavra não existe na língua portuguesa. Isto é comumente referido como detecção de erro.

Alguns programas processadores de textos vão ainda mais longe que isto. Na língua portuguesa, por exemplo, existe apenas uma palavra legítima que contém as três letras s, e, r. Portanto, não há qualquer dúvida em relação à palavra que a pessoa pretendia teclar. Conseqüentemente, um avançado programa processador de textos automaticamente substituirá a seqüência incorreta de letras por "ser". Neste caso, sucedeu uma correção de erro.

É muito mais fácil detectar erros que corrigi-los. Durante a transmissão de textos ou cópia de um arquivo, basta incluir uma soma de verificação para detectar erros. No caso de uma seqüência de números, por exemplo, esta verificação de qualidade pode ter a forma da soma dos dígitos da seqüência. Se, nos pontos de transmissão e de recepção, os valores da "soma de verificação" não forem os mesmos, deve-se concluir que pelo menos um erro infiltrou-se e, portanto, a seqüência de números deve ser retransmitida.

A repetição de uma transmissão consome tempo. Sem dúvida, seria mais eficiente corrigir automaticamente os erros no ponto de recepção. Assim, em vez de ter de teclar novamente a palavra "ser", um bom programa automaticamente substitui a errada seqüência de caracteres "rse" pela correta.

Como e quando isto é possível? Surpreendentemente, este problema é intimamente relacionado com um outro, totalmente diferente, que Johannes Kepler, astrônomo e matemático que viveu na primeira metade do século XVII, investigou detalhadamente. A pergunta que ele fez foi: qual a maneira mais eficiente de empilhar laranjas ou tomates na banca de um merceeiro — isto é, com o menor vão possível entre as laranjas ou tomates?

Como pode o problema de empilhar tomates ter qualquer relação com o de correção de erros? Imagine um espaço tridimensional, com as letras do alfabeto dispostas ao longo dos três eixos coordenados e a igual distância umas das outras — por exemplo, 1 centímetro. Palavras de três letras podem ser visualizadas como pontos neste espaço, com o eixo x representando a primeira letra; o eixo y, a segunda; e o eixo z, a terceira letra da palavra. Desta forma, cada palavra é representada por um ponto no interior de um cubo medindo $26 \times 26 \times 26$ centímetros. Pontos que não correspondam a qualquer palavra da língua portuguesa permanecem vazios. Portanto, se uma seqüência de caracteres sem sentido for transmitida, isto corresponderia a um espaço vazio, o que o programa de detecção de erros identificaria automaticamente. Um programa de correção de erros faz mais: automaticamente procura a palavra "legítima" mais próxima.

Quanto mais distantes os pontos legítimos estiverem uns dos outros, menor dúvida existirá na identificação de possíveis erros e mais fácil será a substituição de uma seqüência errada de caracteres pela correta. Conseqüentemente, para evitar ambigüidades, é importante assegurar que nenhuma outra palavra própria exista a uma certa distância em torno de qualquer palavra legítima. Por outro lado, é necessário empacotar tantas palavras quanto possível no cubo. Portanto, o problema toma a seguinte forma: de que maneira podem ser armazenados tantos pontos quanto possível em um cubo, sem distarem uns dos outros menos que uma certa distância mínima? Chegamos, assim, à pergunta feita por Kepler: como laranjas ou tomates podem ser empilhados tão densamente quanto possível sem serem amassados?

Por séculos, merceeiros estiveram bem cientes do fato de que suas frutas e legumes são empilhados de forma mais eficiente quando dispostos em pilhas e camadas segundo um padrão hexagonal. Somente em 1998, entretanto, esta conjectura foi rigorosamente provada pelo matemático americano Thomas Hales. Teoricamente, 17.576 palavras de três letras podem ser armazenadas nos reticulados de um cubo, em que cada aresta principal acomoda 26 letras ($= 26^3$). Contudo, a resposta para a pergunta de Kepler mostra que o mais denso empacotamento de palavras, com uma distância de 1 centímetro entre quaisquer duas delas, permitiria que cerca de 25.000 palavras fossem armazenadas no mesmo espaço. Se, por outro lado, for desejado estabelecer uma margem de segurança maior, por exemplo, de 2 centímetros, entre quaisquer duas palavras legítimas, o método mais eficiente de armazenamento acomodaria apenas cerca de 3.000 palavras.

Para tratar de palavras com mais de três letras, basta voltar a atenção para espaços com mais de três dimensões. No entanto, ainda não foram determinados os mais eficientes métodos de empacotamento para todos os espaços de dimensões superiores.

40

A dimensão fractal da barreira de segurança de Israel [Geografia]

A política não deveria ter papel na matemática, mas a matemática está em toda parte, até mesmo na política. Considere, por exemplo, o muro de segurança que Israel está construindo na Cisjordânia. Sua legalidade foi examinada pela Corte Internacional de Justiça, mas não apenas o percurso da construção está em disputa, os dois lados também divergem em relação a um fato simples: o comprimento do muro.

Um porta-voz do exército de Israel declarou que a barreira em torno de Jerusalém teria 54 quilômetros de comprimento, mas Khalil Toufakji, geógrafo do Centro de Estudos Palestinos, em Jerusalém, disse que verificou dados do exército e concluiu que o comprimento do muro seria de 72 quilômetros.

Pela primeira vez, os dois lados poderiam estar certos — ou errados. A explicação reside na teoria matemática de fractais, que descreve padrões geométricos que se repetem em escalas cada vez menores. O comprimento do muro depende da escala do mapa usado: se 1 centímetro no papel corresponder a 4 quilômetros na realidade (escala de 1:400.000), a barreira terá comprimento de cerca de apenas 40 quilômetros de comprimento. Em um mapa mais detalhado, em que 1 centímetro corresponda a 500 metros (escala: 1:50.000), mais detalhes do percurso meândrico da barreira podem ser discernidos e seu comprimento pula para 50 quilômetros. Em uma escala de 1:10.000, detalhes ainda menores tornam-se visíveis e o muro parece tornar-se ainda mais longo.

Agora, caminhe ao longo dos blocos de concreto que constituem a barreira. Logo perceberá que o muro dá a volta em torno de casas isoladas, serpenteia por entre dois campos ou evita obstáculos topográficos. Tais detalhes são demasiadamente pequenos para serem incluídos em mapas de grande escala. Portanto, o comprimento físico da barreira é maior que o comprimento que pode ser indicado até mesmo no mais exato dos mapas. De repente, as diferenças nas declarações dos israelenses e palestinos parecem aumentar.

Tudo começou com um artigo escrito pelo matemático francês Benoit Mandelbrot. No artigo de 1967, "How Long is the Coast of Great Britain?" [Qual é a extensão da costa da Grã-Bretanha?], Mandelbrot nem mesmo tentou responder a esta pergunta. Em vez disto, demonstrou que a pergunta não faz sentido. Em mapas detalhados da Grã-Bretanha, baías e braços de mar são visíveis, mas não podem ser distinguidos em mapas de maior escala. E, se alguém verificar os penhascos e praias a pé, um litoral mais longo surgirá, cujo comprimento exato é determinado pelo nível de água no momento em que a medida é feita.

Esta observação também vale para fronteiras terrestres. Exceto pelas fronteiras geográficas definidas por linhas retas, como entre os estados americanos de Dakota do Norte e Dakota do Sul, não há um comprimento "correto" para uma fronteira. Nos livros didáticos de Portugal e da Espanha, por exemplo, os comprimentos da fronteira entre os dois países diferem em até 20%. Isto acontece porque o estado de menor área usa mapas mais detalhados para representar a pátria, o que resulta em fronteiras mais longas.

Segundo Mandelbrot, a única asserção quantitativa que pode ser feita diz respeito à "dimensão fractal" da fronteira. Este é um número que, de certa forma, descreve a rugosidade de objetos geométricos. Todos os litorais e fronteiras têm dimensão fractal entre 1 e 2. Quanto mais tortuosa e meândrica for uma linha, maior é sua dimensão fractal. A fronteira entre os estados americanos de Utah e Nevada tem dimensão fractal 1, como esperado de linhas retas. O litoral da Grã-Bretanha tem dimensão fractal 1,24 e o ainda mais tortuoso litoral da Noruega tem dimensão fractal 1,52.

A teoria fractal se aplica não apenas a linhas em superfícies, mas também a superfícies no espaço. Se a paisagem alpina da Suíça fosse aplainada, por exemplo, este país poderia, muito bem, ser tão grande como o deserto de Gobi. Há alguns anos, dois físicos calcularam que a superfície da Suíça tem dimensão 2,43. Com este valor, situa-se entre um deserto plano, que tem dimensão 2,0, e o espaço tridimensional.

Com seu artigo desconcertante, Mandelbrot inaugurou a era dos fractais. Logo, estranhas formas foram descobertas em toda a natureza: nas árvores e samambaias, vasos sanguíneos e brônquios, brócolis e couve-flor, raios, nuvens e cristais de neve e, até mesmo, nos movimentos do mercado de ações.

Quanto ao muro da Cisjordânia, talvez seja apenas enrolado. Se fosse completamente reto, poderia, em princípio, cobrir a distância entre Beirute e Meca. Então, a Corte Internacional de Justiça teria algo a ponderar.

41

Calculado a gelo frio [Física]

Dois físicos da Universidade de Hokkaido, em Sapporo, Japão, investigaram um fenômeno que — na época do Natal, no hemisfério Norte — muitas crianças observam todos os anos. Olhando pela janela, notam pingentes de gelo, ou sincelos, pendurados nas calhas do telhado. A criança mais curiosa pode querer saber o que significam as ondulações em forma de anel que circundam o pingente de gelo, e que ocorrem a espaçamentos regulares ao longo do eixo do pingente. Os dois físicos haviam deixado a infância para trás, mas mantiveram a curiosidade. Não tinham como não investigar a natureza do fenômeno. A primeira coisa que descobriram foi que a distância entre dois picos sempre media cerca de 1 centímetro, independentemente do comprimento do sincelo e da temperatura ambiente. Então, os dois cientistas desenvolveram um modelo teórico que explicava a surpreendente estrutura universal dos sincelos.

Um sincelo cresce à medida que finas camadas de água fluem ao longo de seu eixo. Parte da água congela. O resto pinga a partir da ponta do sincelo. Contudo, o gelo que fica para trás não se forma uniformemente. O que os dois físicos descobriram é que dois efeitos contra-atuantes são responsáveis pelo misterioso fenômeno de ondulação.

O primeiro efeito é a chamada instabilidade de Laplace, segundo a qual mais gelo se forma nas partes convexas da superfície do sincelo que nas partes côncavas. Isto ocorre porque as partes protuberantes do sincelo são mais expostas ao clima e, portanto, mais calor é perdido por elas que por indentações um pouco mais protegidas. Este é o motivo por que as ondulações se tornam gradualmente mais espessas nestas partes específicas do sincelo. No entanto, um outro efeito impede que as ondulações cresçam indefinidamente. Por causa do efeito Gibbs-Thomson, a fina camada de água que flui ao longo do eixo do sincelo tem uma ação equilibrante sobre a temperatura, impedindo, desta forma, o crescimento maciço das ondulações.

Com a ajuda de nada menos que 114 equações, os dois pesquisadores chegaram à conclusão de que a distância pico a pico das ondulações mede cerca de 1 centímetro. A análise também produziu uma previsão. As ondulações devem gradualmente migrar para baixo, a uma velocidade próxima da metade da velocidade de crescimento do sincelo, um fenômeno que os pesquisadores esperam que seja verificado experimentalmente em breve.

Os dois físicos japoneses não foram os primeiros a se interessar por fenômenos invernais. Quatrocentos anos antes, o astrônomo Johannes Kepler notou que flocos de neve sempre tinham padrões hexagonais, apesar de dois flocos jamais serem iguais. Contente com a descoberta, pôs-se a escrever um folheto, que apresentou a um amigo no Ano-Novo seguinte. Em *A New Year's Gift or On the Six-Cornered Snowflake* [Um presente de Ano-Novo ou sobre o floco de neve de seis pontas], Kepler tentou explicar o fenômeno. O sábio cientista sugeriu diversas causas possíveis para a forma misteriosa. Inicialmente, tentou encontrar uma relação entre as formas hexagonais dos cristais de gelo e favos de mel, mas não teve sucesso. Dando-se conta que não dispunha dos meios para esclarecer esta questão, por fim, desistiu. Nas palavras finais do folheto, ressaltou que, um dia, químicos certamente descobririam a verdadeira causa para a simetria sêxtupla dos flocos de neve. Kepler estava certo, apenas 300 anos mais tarde, no início do século XX, o cientista alemão Max von Laue inventou a cristalografia de raio X. Unicamente com esta nova ferramenta foi possível visualizar e explicar a secreta estrutura cristalina dos flocos.

Cristais de neve formam-se em volta de partículas de pó que sobem em redemoinhos na atmosfera. Quando flutuam para baixo e entram em contato com o ar úmido, moléculas de água fixam-se no núcleo, ou seja, na partícula de pó. Como quase tudo na natureza, as moléculas tentam manter o estado de mais baixa energia. A temperaturas entre 12 e 16 graus centígrados abaixo do ponto de congelamento, este estado é alcançado quando as moléculas de água são dispostas em uma rede ou reticulado, de modo que cada molécula seja envolta por quatro outras, em uma estrutura com forma de pirâmide. Quando vista pelo topo, com ajuda de raios X, esta estrutura lembra a de um hexágono. As pontas do hexágono estendem-se apenas ligeiramente no espaço, o que é suficiente para o seguinte: moléculas de água, que se movem na atmosfera, adoram aterrissar em uma dessas protuberâncias. As pontas, ou braços do floco de neve, crescem continuamente, como dendrites, até que possam ser vistas a olho nu. Assim são formados os flocos de neve.

42

Construído na areia [Física]

No verão, muitos de nós somos tentados a vagar pela praia. As crianças desempacotam alegremente seus baldes e pás, sentam-se à beira d'água e constroem pequenas pilhas de areia. O monte cresce aos poucos até que, por fim, avalanches o encolhem a quase nada. Sem perder o ânimo, as crianças começam tudo novamente, construindo mais montes de areia, até que sejam destruídos por avalanches. Que grande oportunidade para o papai sujar as mãos e dar uma de suas aulas educadoras. Se as crianças ao menos prestassem atenção, ele suspira, conseguiriam, sem dúvida, construir um castelo de areia mais alto. Mas, o que ele sabe? Não importa quão cuidadosamente a pilha é levantada, avalanches de areia sempre a destroem. Deixar a areia escorrer cada vez mais lentamente por entre dedos em nada ajuda. Surpreendentemente, avalanches sempre ocorrem quando as pilhas de areia atingem uma certa altura.

O que se esconde por trás dessas alegres atividades de verão é, obviamente, nada mais que uma lei da física. Cada partícula de areia tem inércia e as forças em ação são a gravidade e o atrito. Por si só, isto apenas não explica por que avalanches ocorrem. O comportamento das pilhas de areia pode apenas ser explicado se estas forem vistas em sua totalidade.

Inicialmente, foquemos a areia em nível microscópico. Espalhe grãos de areia, um por um, em uma mesa. Os grãos tentam atingir o mais baixo nível de energia procurando a superfície mais inferior possível. Se a experiência fosse feita com um fluido, este se espalharia sobre a mesa e, por fim, escorreria pelas bordas. No entanto, grãos de areia ligam-se uns aos outros por causa do atrito. Desde que a pilha seja relativamente baixa, cada grão adicional de areia permanecerá no mesmo lugar em que caiu. O local de aterrissagem pode ser o topo de um grão, que, por sua vez, pode estar sobre outro. Uma vez que diversas camadas de grãos encontram-se umas sobre outras, grãos adicionais podem escorregar pela borda e, possivelmente, iniciar uma avalanche.

Pequenas avalanches, e também as grandes, asseguram que a inclinação da pilha de areia não ultrapasse um certo limite. Durante experimentos, cientistas observaram que a intensidade de avalanches de areia era governada por uma lei que Beno Gutenberg e Charles Richter propuseram na década de 1950 para descrever a ocorrência de terremotos: tremores de magnitude 6 ocorrem com freqüência 10 vezes menor que os de magnitude 5 na escala Richter.

O fenômeno de avalanches de areia é um exemplo da chamada criticalidade auto-organizada. Esta frase foi criada por Per Bak, um físico dinamarquês, em 1988.[9] Junto com Chao Tank e Kurt Wiesenfeld, Bak descobriu que sistemas que consistem em um grande número de componentes quase idênticos espontaneamente encontram um certo estado, em torno do qual variam. No caso

[9] Bak faleceu em outubro de 2002, aos 54 anos de idade.

da pilha de areia, a inclinação dos flancos é que determina o estado crítico.

Bak e colegas formularam suas idéias sobre o assunto em bases gerais. Portanto, suas conclusões não estão limitadas a pilhas de areia. Sistemas ou eventos diferentes, como incêndios florestais, engarrafamentos de trânsito, quedas no mercado de ações e processos evolutivos são governados pelas mesmas leis.

Considere o mercado de ações, por exemplo. Uma investidora, vamos chamá-la de sra. Wall, pode decidir vender suas ações assim que o preço atingir um certo valor. O sr. Street, um colega que sempre acompanha os movimentos da sra. Wall, também decide vender suas ações. Outros podem seguir os passos de Wall Street, o que pode fazer com que ainda outros investidores disparem ordens de venda. É bem claro que o comportamento de apenas uns poucos investidores pode causar uma onda de vendas e provocar o colapso do mercado. De fato, estatísticos observaram que quedas do mercado de ações, algumas menores, outras maiores, ocorrem com freqüências similares às das avalanches que destroem pilhas de areia.

Ainda um outro exemplo de criticalidade auto-organizada é o de engarrafamentos de trânsito. Mesmo antes das relaxantes férias na praia, é preciso enfrentar corajosamente a viagem até o litoral. O tráfego é lento, mas contínuo. Repentinamente, o motorista a sua frente pisa no freio. Se os carros não estiverem demasiadamente próximos um do outro, nada adverso acontecerá. Contudo, assim como um único grão de areia pode causar uma avalanche, uma pequena manobra de frear feita por um motorista pode, se o tráfego for intenso e a densidade de carros for grande, causar o temido engarrafamento do trânsito. Estatisticamente falando, o número de carros retidos em um engarrafamento é comparável ao tamanho de avalanches de areia.

43

Zumbindo nas esquinas [Biologia]

Será que alguém nunca ficou enlouquecido com o zumbido de moscas? Mata-moscas não ajudam muito, pois quase todas as vezes que se tenta um golpe, o inseto dá um jeito de evitar o ameaçador objeto e, em frações de segundo, muda a rota de vôo. Isto não é surpresa, pois as moscas precisam de apenas 10 batidas de asa para dar uma volta acrobática, tudo durando um vinte avos de segundo. Como as moscas conseguem fazer movimentos tão rápidos, essas voltas repentinas em pleno ar?

É concebível que dois fatores afetem a aerodinâmica de uma mosca. Um é o atrito entre a pele da mosca e o ar. O outro fator que pode ter alguma influência é a inércia do corpo, que mantém a mosca voadora em seu percurso. Durante 30 anos prevaleceu a hipótese de que a aerodinâmica de grandes animais, como pássaros e morcegos, era determinada pela inércia. As moscas, segundo a opinião comum, eram muito pequenas para que a inércia tivesse qualquer impacto significativo. Em vez disto, os cientistas acreditavam que mudanças bruscas na direção do vôo de pequenos animais eram determinadas pelo atrito entre suas peles e o ar. Moscas nadam no ar, por assim dizer.

No entanto, Steven Fry, do Instituto de Neuroinformática, uma instituição conjunta do Instituto Federal de Tecnologia e a Universidade de Zurique, e os colegas Rosalyn Sayaman e Michael Dickinson, do Instituto de Tecnologia da Califórnia, puseram um fim a esta — como ficou esclarecido — crença errada. Em um artigo publicado na revista *Science*, investigaram o mecanismo aerodinâmico por trás das manobras de vôo livre da mosca comum (*Drosophila melanogaster*).

Os pesquisadores dispuseram três câmaras digitais de alta velocidade em um laboratório especialmente equipado. A uma velocidade de 5.000 imagens por segundo, cada câmara filmava as manobras das moscas quando se aproximavam de, e evitavam, um obstáculo. Os dados registrados foram, então, carregados em um robô mecânico controlado por computador. O robô consistia em asas artificiais de inseto, construídas em escala e submersas em um tanque cheio de óleo mineral. Com a ajuda da mosca robô, os três cientistas puderam medir as forças aerodinâmicas geradas pelos movimentos das asas de insetos voadores.

A experiência forneceu algumas observações extraordinárias. Para iniciar uma curva repentina, a mosca cria torque por meio de pequenas diferenças nos movimentos das duas asas. Contudo, o principal ponto de interesse era o comportamento da mosca após o início de uma volta. Se, de fato, o atrito com o ar fosse o fator determinante quando a mosca efetua uma volta brusca, algumas batidas de asa bastariam para vencer a resistência. E a mosca poderia, então, ajustar rapidamente as asas na posição normal e prosseguir com o vôo adiante. No entanto, os pesquisadores observaram algo diferente. Uma fração de segundo após o início de uma volta, a mosca produz um torque reverso com suas asas, com a duração de apenas umas poucas batidas de asa.

Por que a mosca faz isto? Após iniciar uma curva, já tendo parado de produzir torque adicional com as asas, a inércia faz com que a mosca continue a girar. Como um patinador artístico que efetua uma pirueta, a mosca permanece girando ao redor de seu eixo. Para contrabalançar esta rotação contínua do corpo, a mosca "pisa no freio". Como esta técnica de movimentação contrária é apenas necessária para contrabalançar a inércia, os três pesquisadores provaram que é a inércia, e não o atrito, o fator determinante quando a mosca comum se lança no ar.

44

Negociantes inexperientes tornam o mercado eficiente [Economia]

Nas primeiras aulas de Economia I, os alunos aprendem que, de acordo com Adam Smith, oferta e demanda determinam o preço e a quantidade de bens que são vendidos. Na vida real, entretanto, esta relação raras vezes pode ser verificada. Em geral, mercados são afetados por numerosas outras forças que não podem ser controladas e, portanto, deturpam os resultados.

Para avançar no entendimento de mercados e comportamento econômico, os economistas inicialmente recorreram a hipóteses, parâmetros e variáveis adicionais. Contudo, a dificuldade persistia e, em vez de chegarem mais próximos de uma solução, tudo o que conseguiram foi tornar os modelos mais intricados, incontroláveis e não realistas.

Assim, os economistas, copiando uma página de livros de física e química, tentaram verificar suas teses por meio de experimentos. Estabeleceram laboratórios onde situações "reais" de mercado eram simuladas tão bem quanto possível. Voluntários eram, então, observados enquanto tomavam decisões e participavam de atividades econômicas. Este foi o nascimento da economia experimental.

Há cerca de 50 anos, Edward Chamberlain, da Universidade Harvard, introduziu a abordagem experimental na economia, usando alunos de Harvard como cobaias. Infelizmente, os resultados desviaram-se da teoria neoclássica de mercado. Os experimento mostraram que as quantidades eram maiores e os preços, menores que o previsto por modelos competitivos de equilíbrio. Alguns anos mais tarde, Vernon Smith, um dos alunos de Chamberlain, refinou os métodos do antigo professor. Suas experiências resultaram em preços e quantidades próximos do equilíbrio e, por fim, deram confirmação experimental à teoria clássica. Por este trabalho, Smith recebeu o Prêmio Nobel de Economia de 2002, junto com o psicólogo comportamental americano-israelense Daniel Kahneman, que seguia a mesma linha de pesquisa.

Em um novo experimento, o economista John List, da Universidade de Maryland, submeteu a teoria clássica a mais um teste. Assim, ele fez observações extraordinárias, que foram publicadas nos *Proceedings of the National Academy of Sciences* [Anais da Academia Nacional de Ciências]. Os bens econômicos que List usou foram cartões de beisebol, itens valiosos entre os aficionados. Para encontrar suas cobaias, o professor foi a um mercado de colecionadores. Ele perguntou a diversos vendedores e visitantes se estariam dispostos a participar de um experimento. Os "jogadores" foram, então, subdivididos em quatro grupos: compradores, vendedores, novatos e "ratos" experientes. Cada vendedor recebia um cartão de um famoso jogador de beisebol. A imagem havia sido propositalmente disfarçada com a adição de um bigode ao retrato do jogador. Assim o cartão havia perdido todo o valor para colecionadores reais, o que asseguraria que os participantes do experimento não escapariam e trocariam o cartão por dinheiro no mercado verdadeiro ao lado.

Então, List alocou máximos preços de compra aos compradores e mínimos preços de venda aos vendedores. Estes preços restritos estavam coordenados de tal forma que produziam curvas de oferta e demanda que se cruzavam em sete cartões e preço entre \$13 e \$14. Por cinco minutos, os participantes foram autorizados a procurar parceiros e a pechinchar e regatear, a negociar e reduzir o preço, até que chegassem a um acordo sobre o preço — ou não. A eficiência desse mercado artificial era medida verificando-se se o preço e quantidade de cartões "vendidos" no experimento correspondiam às predições da teoria clássica.

De fato, os resultados do experimento de List foram próximos daqueles previstos pela teoria. Em 18 de 20 casos, entre 6 e 8 cartões foram trocados e em 10 casos, o preço médio dos cartões igualou o valor previsto.

List notou ainda mais um detalhe: experiência de mercado tinha um importante papel na determinação da eficiência do mercado. A eficiência era máxima quando compradores inexperientes deparavam-se com vendedores experientes. E o mercado era mais ineficiente quando tanto compradores quanto vendedores eram ratos experientes. Aparentemente, demasiada familiaridade com as regras do jogo pode revelar-se um obstáculo para os negociantes, que desejam encontrar um preço aceitável para as duas partes — uma observação um tanto quanto desalentadora para os que acreditam na economia de livre mercado.

45

A dança do requebrado dos servidores de internet [Ciência da computação, Biologia]

O estudioso e escritor romano Marcus Terentius Varro (116-27 a.C.) já estava convencido de que as abelhas eram excelentes engenheiras construtoras. Ao inspecionar os favos hexagonais, ele suspeitou que essa estrutura era a mais eficiente em termos de encerrar o maior espaço possível para armazenamento de mel, com a menor quantidade de cera. Como demonstrado recentemente, as abelhas também poderiam ser boas engenheiras de computação. Dois milênios depois de Varro, Sunil Nakrani, da Universidade de Oxford, e Craig Tovey, do Instituto de Tecnologia da Geórgia, apresentaram, em uma conferência, um trabalho sobre modelos matemáticos de insetos sociais. Imitando o comportamento de abelhas durante as incursões à procura de néctar, desenvolveram uma forma eficiente para a distribuição ótima de servidores de internet.

Na década de 1930, o zoólogo e ganhador do Prêmio Nobel Karl von Frisch descobriu que a chamada dança do requebrado no interior das colméias fornece às outras abelhas informação sobre a distância e qualidade de um canteiro de flores. Abelhas ociosas observam a dança do requebrado de uma das colegas e saem em seus turnos. (Como é escuro no interior da colméia, as abelhas não "vêem" a dança, mas inferem-na a partir de mudanças na pressão do ar.) Elas não se comunicam umas com as outras antes de iniciar o vôo e nenhuma delas sabe quantas colherão néctar e nem de que canteiro. E, mesmo assim, abelhas de mel maximizam a taxa de coleta de néctar. Canteiros pobres são visitados por poucas abelhas, enquanto canteiros mais férteis e próximos recebem uma multidão de abelhas colhedoras de mel. Isto ocorre devido à chamada inteligência do enxame: embora cada abelha isolada siga apenas um pequeno conjunto de instruções, a totalidade do enxame exibe comportamento quase ótimo.

Sunil Nakrano e Craig Tovey estavam interessados nos problemas com que provedores de serviços de internet se deparam. Um provedor de serviços de internet oferece diferentes serviços, por exemplo, leilões, comércio de ações, reserva de passagens aéreas. Com base na demanda prevista para cada serviço, o provedor aloca um certo número de servidores (um grupamento ou cluster de servidores) a cada serviço. Os dois cientistas projetaram um modelo de alocação de servidores com base no comportamento das abelhas e rodaram simulações para testá-lo. As solicitações vindas dos usuários são distribuídas em filas para os vários serviços. O provedor recebe pagamento por solicitação atendida. O número de solicitações por serviço varia continuamente e seria proveitoso que servidores subutilizados fossem alocados a clusters sobrecarregados. No entanto, isto tem um custo, pois um servidor realocado deve ser reconfigurado e carregado com o software para o novo serviço. Durante este tempo, da ordem de cinco minutos, solicitações e pedidos não podem ser atendidos. Se o tempo de espera (*downtime*) se tornar excessivamente longo, clientes insatisfeitos se afastarão e o lucro potencial será perdido. Portanto, para maximizar a rentabilidade, os provedores devem continuamente redistribuir seus servidores entre os diferentes serviços e adaptar-se aos variáveis níveis de demanda.

Tradicionalmente, três algoritmos têm sido usados para calcular rentabilidade. Primeiro, há o algoritmo "onisciente", que determina, a intervalos de tempos pré-fixados, a alocação que teria sido ótima na janela de tempo anterior. Depois, há o algoritmo "guloso", que segue a regra prática de que os níveis de demanda de todos os serviços durante uma janela de tempo permanecerão inalterados durante a próxima. Finalmente, há o algoritmo "estático ótimo", que calcula, retrospectivamente, a alocação ótima e inalterada (estática) de servidores para todo o período de tempo.

Nakrani e Tovey compararam a estratégia das abelhas de mel com estes três algoritmos. No modelo, as filas de solicitações representavam canteiros de flores esperando para serem colhidas, servidores individuais representavam as abelhas colhedoras; e os clusters de servidores, o grupo de abelhas colhendo néctar em um particular canteiro. A dança do requebrado se torna um "quadro de avisos" no modelo. Após ter atendido às solicitações, os servidores postarão, com uma certa probabilidade, um aviso com os detalhes da fila atendida. Outros servidores lêem o aviso postado com uma probabilidade que é tão maior quanto menor for a rentabilidade da fila a que estiverem atendendo no momento. Com base nas próprias experiências recentes e no aviso postado, os servidores decidem — como as abelhas operárias observando a dança do requebrado — se devem passar a atender a uma nova fila. Os custos de passar o atendimento de um aplicativo da Web para outro são comparáveis ao investimento de tempo de uma abelha de mel quando observa a dança do requebrado e muda de canteiro de flores.

O que as simulações mostraram é que, em termos de rentabilidade, o comportamento das abelhas colhendo néctar supera dois dos três algoritmos, por algo entre 1% e 50%. Apenas o algoritmo onisciente oferece maior rentabilidade. Contudo, este algoritmo, que calcula o limite superior absoluto de probabilidade, não é prático, por dois motivos. Primeiro, não é realista assumir que o comportamento de um futuro usuário seja conhecido antecipadamente com exatidão. Segundo, os recursos computacionais necessários para calcular a alocação ótima são enormes.

Um comentário à parte: apenas em 1998, o matemático americano Tom Hales conseguiu provar que os favos de seis lados (o reticulado hexagonal) representam a mais eficiente partição de um plano em áreas iguais. (Veja o capítulo 9.) Contudo, abelhas não são perfeitas, apesar de sua aparente habilidade em aproximar a configuração ótima de duas dimensões. Em três dimensões, os muito enaltecidos favos hexagonais são apenas próximos da configuração ótima. Em 1964, o matemático húngaro László Feres Toth projetou favos que usam 0,3% menos cera que os construídos pelas abelhas.

46

Líquidos turbulentos e mercados de ações [Finanças, Economia]

Nada há de surpreendente no fato de o mercado de ações subir e descer em um dado dia, na verdade, em um dado minuto. Qualquer estudante de economia terá aprendido nas primeiras semanas de aula do primeiro ano que oferta e demanda dos investidores querendo maximizar os lucros afetarão os preços das ações. A hipótese implícita é que os investidores reagirão de forma racional e razoável às informações que recebem.

No entanto, há vezes em que flutuações totalmente inesperadas ocorrem no mercado financeiro e que não podem ser explicadas com ajuda da "teoria clássica". Um evento particularmente dramático teve lugar na bolsa de valores de Londres, no dia 20 de setembro de 2002. Neste dia, às 10h10 da manhã, o índice FTSE 100 subiu de 3.860 a 4.060 pontos no intervalo de cinco minutos. Dentro de outros poucos minutos, o índice caiu para 3.755. Após seguidas oscilações, que duraram cerca de 20 minutos, o índice retornou ao valor inicial. Este totalmente inexplicável fantasma viu alguns investidores lucrarem centenas de milhões de dólares, enquanto outros tinham prejuízos da mesma ordem — e tudo aconteceu em menos de meia hora.

Grandes desvios, como o observado em Londres, e oscilações regulares, mais comumente observadas, lembram, respectivamente, turbulências em líquidos e vibrações abafadas produzidas por cordas de violão. Assim, não é surpreendente que físicos se sentissem chamados a buscar explicações que pudessem esclarecer um pouco o comportamento do mercado. Sorin Solomon, da Universidade Hebraica, em Jerusalém, e seu aluno Lev Muchnik desenvolveram um modelo que oferece algumas explicações para os enigmáticos eventos que ocorrem nos mercados de ações.

A diferença entre o novo modelo e outros mais convencionais é que os físicos israelenses não assumiram que existiam classes de investidores que diferiam uns dos outros meramente pelas reações diante do risco. O que fizeram foi postular diferentes tipos de investidores. Entretanto, a interação entre estes distintos participantes do mercado de ações era demasiadamente complicada para ser descrita por fórmulas matemáticas. Para descobrir o que realmente acontecia no mercado de ações, eles simplesmente observaram, ao longo de um período de tempo, um modelo simulado. Este, pensaram eles, era o caminho para ter uma sólida compreensão do que se passa no salão de negociações.

No modelo de Solomon e Muchnik, há investidores que compram e vendem se o preço atual das ações estiver acima ou abaixo de valores de mercado. Há, também, grandes investidores que praticamente dominam o mercado e cujas atividades têm impacto direto nos preços das ações. Finalmente, o modelo inclui investidores ingênuos, cujas decisões de compra e venda são baseadas meramente em investimentos anteriores. Neste modelo, que também considera outros fatores, como a chegada de novos itens e vários mecanismos de mercado, os investidores virtuais agem autonomamente. No entanto, suas ações reunidas determinam o comportamento do mercado.

Após alimentar o computador com todas as variáveis, Solomon e Muchnik estabeleceram um modelo de simulação para um mercado virtual de ações. Poderá a existência de três tipos de investidores ajudar a explicar as enigmáticas oscilações do mercado de ações? Veja só! O modelo produziu comportamentos como os observados em mercados de ações da vida real. Ocorreram oscilações amortecidas, repentinamente entremeadas por violentas turbulências. Será que isto significa que mercados reais consistem nestes três tipos de investidores? Isto não é, de modo algum, uma certeza, mas o que o modelo mostra é como interações entre diferentes tipos de investidores podem levar aos surpreendentes e, algumas vezes, colossais eventos que acontecem no mercado de ações, e como o valor do portfólio de um investidor pode mudar drasticamente no tempo que se gasta para tomar um cafezinho.

47

Codificando mensagens com velas e *réchauds* [Criptografia]

Sempre que dados são transmitidos pela internet, métodos criptográficos mantêm secreto o código PIN (*Personal Identification Number*) [número de identificação pessoal], armazenam informação médica com segurança, preservam a confidencialidade de operações *online*, permitem votações eletrônicas, e conferem assinaturas digitais. Em princípio, métodos criptográficos baseiam-se na irreversibilidade — ou, ao menos, na dificuldade da reversibilidade — de uma operação matemática. Dependem da inexistência de algoritmos que possam inverter uma certa operação em um período razoável de tempo.

Operações resolúveis em apenas uma direção são chamadas de funções unidirecionais. Uma função "unidirecional com armadilha" é uma função matemática que também pode ser resolvida na outra direção, mas somente se uma informação adicional — a chave do código — for disponível. Por exemplo, a multiplicação de dois números é uma tarefa simples. Dividir o resultado é muito mais difícil: vários candidatos devem ser testados até que um divisor seja encontrado, que não deixe resto após a divisão.

Por isto é que, atualmente, a multiplicação de números primos é usada para codificar mensagens. O destinatário pretendido escolhe dois números primos, multiplica-os e divulga o resultado. Quem quer que queira enviar-lhe uma informação secreta usará este número para codificar a mensagem. A operação inversa — ou seja, a divisão do produto nos fatores primos — é, hoje em dia, impossível, desde que os números primos sejam suficientemente grandes. Apenas um destinatário que tenha a chave — que conheça os dois números primos — pode decifrar a mensagem. Assim, a multiplicação de números primos grandes é uma função unidirecional com armadilha, pois a divisão do produto nos fatores primos é impossível... a menos que alguém conheça um dos fatores.

Na verdade, ninguém jamais provou rigorosamente que é impossível fatorar números grandes em um intervalo de tempo razoável. Entretanto, como computadores cada vez mais rápidos surgem no mercado e algoritmos cada vez mais sofisticados são desenvolvidos, a busca da chave correta torna-se mais eficiente. Tais avanços ameaçam os métodos de criptografia atualmente em uso. Em 1970, a fatoração de um número de 37 dígitos foi uma sensação. O atual recorde de fatoração é para um número de 160 dígitos: no dia primeiro de abril de 2003 (não é uma brincadeira de primeiro de abril), cinco matemáticos do Departamento Federal para Segurança da Informação, em Bonn, na Alemanha, conseguiram fatorar um número de 160 dígitos nos dois componentes de 80 dígitos cada um. O fim dos avanços ainda não está à vista. Será que a CIA, o MI5 e o Mossad já possuem eficientes algoritmos de busca de chaves e, simplesmente, os mantêm secretos? De qualquer modo, por questões de segurança, números com pelo menos 300 dígitos são, atualmente, recomendados para a codificação de mensagens.

Contudo, uma nova tecnologia, os computadores quânticos, ameaça tornar vulneráveis os números com 300 ou, até mesmo,

3.000 dígitos. Em contraste com dígitos binários (bits), que podem apenas assumir um de dois estados, zero ou um, alternadamente, quanta podem existir simultaneamente em mais de um estado. Em princípio, isto significa que computadores quânticos poderiam efetuar um enorme número de operações matemáticas simultaneamente. Cálculos como fatoração de um grande número que levariam séculos em um computador comum poderiam ser efetuados em segundos.

Por enquanto, computadores quânticos ainda são castelos no ar. Mesmo assim, especialistas em tecnologia da informação, projetistas de páginas da Web e profissionais de segurança buscam métodos de codificação cuja segurança não seja uma questão de tecnologia, mas garantida por leis da natureza. Recentemente, dois matemáticos suíços sugeriram um método que pode se provar imune até mesmo a ataques de computadores quânticos. Em um número recente da revista *Elemente der Mathematik*, devotada a artigos sobre desenvolvimento da matemática na Suíça, Norbert Hungerbühler, da Universidade de Fribourg, e Michael Struwe, do Instituto Federal de Tecnologia, em Zurique, apresentaram um método criptográfico baseado na segunda lei da termodinâmica. Essa lei, um dos mais básicos princípios da natureza, estabelece que certos processos físicos não são reversíveis. Por exemplo, embora preparar um *café au lait* — fazer o café, adicionar leite e mexer — seja uma tarefa simples, é impossível separar um *café au lait* em seus componentes. Portanto, a preparação de um *café au lait* é uma função unidirecional... sem uma armadilha.

Outro exemplo da segunda lei da termodinâmica é o fluxo de calor. Imagine um *réchaud*, sob o qual há diversas velas acesas. Se as condições iniciais — a localização das velas — forem conhecidas, a propagação do calor pode ser facilmente calculada. Por outro lado, de acordo com a segunda lei da termodinâmica, é impossível rastrear a distribuição de calor de volta aos momentos iniciais; ou seja, é impossível determinar que partes do *réchaud* foram aquecidas pelas velas. Mesmo que a distribuição de calor em um *réchaud* seja bem conhecida em certos instantes, as posições iniciais das velas não podem ser determinadas.

Hungerbühler e Struwe usaram este fato para sugerir um novo método criptográfico de "chave pública". Digamos que Alice deseje enviar uma mensagem codificada a Bob. Os dois parceiros escolhem as configurações das velas sob seus *réchauds*. Estas são suas chaves secretas, a e b. A seguir, Alice e Bob usam o operador de fluxo de calor (H) para calcular — cada um por si — as distribuições de calor nos *réchauds*, digamos, após um minuto (a*H e b*H). Estas distribuições de calor representam as chaves públicas; Alice e Bob divulgam-nas em um catálogo ou transmitem-nas em canais públicos. Como a distribuição de calor pode apenas ser calculada na direção para frente, será impossível um bisbilhoteiro deduzir as posições iniciais das velas a partir das chaves públicas.

Agora, Alice codifica sua mensagem, usando sua configuração secreta de velas e a distribuição de calor de Bob (a*b*H). Esta é a distribuição de calor que resulta se os dois conjuntos de velas forem colocados sob o *réchaud*. Devido à comutatividade do operador de fluxo de calor — não importa que conjunto de velas é aceso primeiro, Bob pode, então, decodificar a mensagem com a ajuda de sua configuração secreta de velas e a distribuição de calor que Alice divulgou (b*a*H). Ao mesmo tempo, ele pode verificar que

Alice foi a remetente. O proposto método de criptografia não depende da tecnologia. É baseado em leis clássicas da natureza e em propriedades matemáticas da termodinâmica. Portanto, não pode ser ameaçada por inovadores métodos computacionais.

Infelizmente, não será possível implementar ThermoCrypto em um futuro próximo. A razão é que as equações que descrevem o fluxo de calor são funções contínuas. Calculá-las com computadores digitais significa truncar os números. Inevitáveis erros de arredondamento poderiam representar uma porta de entrada para bisbilhoteiros, e a segurança absoluta não seria mais garantida. Ironicamente, a salvação podem ser os computadores quânticos. Em meados da década de 1980, os físicos Richard Feynman e David Deutsch observaram que, devido a seus estados infinitos, um computador quântico seria capaz de simular sistemas físicos contínuos, pois os erros de arredondamento seriam infinitamente pequenos. Assim, computadores quânticos, que um dia podem tornar obsoletos os métodos convencionais de criptografia, também podem ser a ferramenta para a próxima geração dos métodos de criptografia.

48

Lutando pela sobrevivência [Teoria da evolução, Finanças]

Quando o matemático John Von Neumann e o economista Oskar Morgenstern escreveram, em 1940, na Universidade Princeton, o revolucionário clássico sobre teoria dos jogos, basearam seu trabalho em axiomas — hipóteses básicas — que postulavam que os jogadores eram totalmente racionais. Os dois teóricos assumiram que o chamado *homo oeconomicus* (homem econômico) possuía completo conhecimento sobre o meio ambiente, era capaz de efetuar até mesmo os cálculos mais complicados em frações de segundos, e não era influenciado por qualquer preferência pessoal ou preconceitos. Seria sempre capaz de tomar a decisão matematicamente correta.

Alguns anos mais tarde, o economista francês Maurice Allais, ganhador do Prêmio Nobel de Economia de 1998, observou que, ao responder questionários sobre situações que envolviam probabilidades muito baixas e altas somas de dinheiro, os voluntários tendiam a tomar "decisões incorretas". Suas decisões da vida real contradiziam as esperadas pela convencional teoria da utilidade. Algumas décadas mais tarde, Amos Tversy, da Universidade Stanford, e Daniel Kahneman, da Universidade Princeton, descobriram que participantes do mercado — fossem eles homens de negócio, médicos ou consumidores comuns — tomam decisões que contrariam os axiomas estabelecidos pelos teóricos tanto em situações comuns como em situações graves. (Kahneman ganhou o Prêmio Nobel de Economia de 2002.)

Os teóricos em nada foram abalados pela contradição entre teoria e realidade. Os *homines oeconomici*, que não se comportavam de acordo com os axiomas postulados, foram simplesmente taxados de irracionais. A teoria está correta, asseguravam os cientistas. Talvez, uma grande parte da sociedade meramente reagia de forma incorreta. O que estes economistas não se deram conta é que, agarrando-se ferrenhamente a essa crença, distanciavam-se cada vez mais da realidade.

Herbert Simon, ganhador do Prêmio Nobel de Economia de 1978, tentou explicar por que mercados financeiros, tendo em vista o comportamento das pessoas, conformam-se apenas precariamente com o previsto pela teoria dos jogos. Ele introduziu a teoria da "racionalidade limitada". Percebendo que agentes devem arcar com custos ao adquirir informação, devem lidar com incertezas e não são capazes de calcular como máquinas, ele chegou mais próximo da verdade. Contudo, este desenvolvimento não era a cura para tudo e as anomalias observadas nos mercados financeiros tornaram-se mais e mais óbvias. Ganhos e perdas acima da média eram mais freqüentes que a teoria clássica levava a crer, volatilidade era maior que o previsto e expectativas exageradas levavam a preços inflacionados. Repetidas vezes, os participantes do mercado que não ligavam a mínima para os axiomas de Von Neumann-Morgenstern alcançavam ganhos maiores que os colegas racionais.

Os cientistas tiveram que estender a busca por explicações a outras áreas.

Durante o último século, os economistas freqüentemente voltaram-se para outras disciplinas acadêmicas em busca de ferramentas que os ajudassem a responder perguntas sobre a ciência da decisão e teoria financeira. A nova moda da jovem geração de especialistas da teoria financeira é a biologia evolutiva. Professores de renomadas universidades transformaram a teoria das finanças evolutivas em um importante tema de pesquisa. Há rumores sugerindo que administradores de fundos também fazem uso de recentes resultados de pesquisa nesta área.

No início do verão de 2002, a Bolsa de Valores da Suíça convidou, para um seminário em Zurique, cientistas e profissionais de todo o mundo. Apresentando seus mais recentes resultados, os presentes não hesitaram em criticar a clássica teoria dos jogos, por ser distante da realidade. Enquanto a clássica teoria financeira assume que os investidores tentam maximizar o fluxo de renda líquida no longo prazo por meio de estratégias inteligentes de investimento, a teoria da evolução sugere que os investidores seguem apenas umas poucas regras simples, que adaptam, de vez em quando, às circunstâncias variáveis.

Em analogia com processos biológicos, economistas estabeleceram modelos de avanços socioeconômicos — incluindo seleção, mutação e hereditariedade — na forma de seqüências de aprendizado e surtos de inovação. Em jogos que são jogados rapidamente um após o outro, as estratégias de investimento assumem o papel das espécies animais, e capital é alocado às diferentes estratégias de acordo com regras que governam a seleção natural. Fundos de investimento que utilizam estratégias lucrativas atraem muito capital e prosperam, enquanto fundos com estratégias de investimentos inferiores, por fim, desaparecem. Além disto, estratégias sobreviventes devem adaptar-se continuamente ao variável ambiente do mercado de acordo com as leis de seleção natural.

A questão central é: que estratégias de investimento sobrevivem em um ambiente moldado pela incerteza e sujeito a desastres? Se, inicialmente, diversas estratégias operam lado a lado, quais sobreviverão no longo prazo? Como os investidores reagem a distúrbios externos? Um artigo de Alan Grafen, da Universidade de Oxford, pode servir como exemplo das abordagens apresentadas na conferência. No modelo de mercado de Grafen, os investidores são representados como organismos vivos. Para maximizar o próprio nível de aptidão, são sujeitos ao processo de seleção natural, e adaptam seu comportamento ao ambiente e às estratégias empregadas por competidores.

Grafen observou que os agentes não terão de efetuar qualquer cálculo complicado, como teriam de fazer na teoria clássica. Tudo o que fazem é seguir regras simples. Se estas regras se mostram bem-sucedidas e provêm resultados satisfatórios, sua difusão no mercado aumenta. Contudo, em certas circunstâncias, o domínio dessas regras poderia se revelar prejudicial. Uma vez que estratégias fracas tenham desaparecido, até mesmo as estratégias bem-sucedidas deixarão de prover grandes resultados, pois não haverá mais alguém para ser explorado. Portanto, as estratégias bem-sucedidas também desaparecerão, da mesma forma que predadores se tornam extintos quando não há mais presas para caçar.

49

Insultos cheiram mal [Neurociências, Economia]

A um colega são prometidos $10, sob a condição de que divida essa quantia com você. Se você aceitar a oferta, os dois receberão sua parte; se não, nenhum dos dois ganhará coisa nenhuma. O colega sugere dividir a quantia igualmente. Você aceitaria?

Claro que sim! Você e seu amigo iriam felizes para casa, embolsando as notas de $5. Entretanto, imagine que seu colega pare por um momento para refletir e se dê conta que, uma vez que ele é que está fazendo a oferta, poderia ficar com $9,50 e oferecer 50 centavos a você. Você aceitaria? A maioria de nós recusaria, com indignação. "Quem ele pensa que é? Prefiro ficar sem os 50 centavos que deixar este malandro ganhar $9,50 à minha custa!"

Reações como estas têm surgido em experimentos em todo o mundo. Isto não deixa de ser surpreendente, pois contraria a tradicional teoria econômica. Afinal, recusar 50 centavos, por menor que seja a quantia, não é racional. A oferta de 50 centavos pode não parecer justa, mas a alternativa — sair de mãos abanando — é ainda pior. Por que, então, as pessoas que se deparam com tais situações reagem irracionalmente?

Durante anos, este chamado jogo do ultimato tem dado dor de cabeça aos economistas. Eles sempre presumiram que as decisões econômicas são firmemente baseadas em processos racionais de pensamento. Alguém que toma uma decisão calcula os custos e benefícios de suas ações, avalia as probabilidades de certos cenários e, então, toma a decisão ótima. Esta é a hipótese fundamental na qual se baseia a teoria econômica.

Contudo, o que emergiu ao longo dos anos e surgiu de experimentos com o jogo do ultimato é que, embora esta hipótese possa ser válida para decisões de instituições — por exemplo, firmas e agências governamentais —, não se aplica a decisões tomadas por indivíduos. A verdade é que os seres humanos não tomam decisões baseados unicamente em dados sólidos e em cálculos das próprias vantagens. Eles também são guiados por fatores emocionais, como inveja, preconceito, altruísmo, maldade e numerosas outras fraquezas humanas.

Para explicar os resultados paradoxais do jogo do ultimato, os cientistas sugeriram mecanismos evolutivos. Recusar uma quantia irrisória, segundo o argumento, serve para preservar a própria reputação. "Não sou um fraco. Na próxima vez, ele pensará melhor antes de fazer uma oferta ofensiva como esta." Os cientistas acreditam que, a longo prazo, a reputação social de um indivíduo pode aumentar suas chances de sobrevivência.

Pesquisadores da Universidade Princeton e da Universidade de Pittsburgh escolheram uma abordagem diferente, na esperança de alcançar um melhor entendimento das decisões envolvidas no jogo do ultimato. Eles investigaram os processos psicológicos que ocorrem no cérebro. Essa abordagem reducionista para estudar decisões econômicas — baseando-as unicamente em interações químicas e mecânicas entre neurônios, axônios, sinapses e dendrites — é uma inovadora forma de realizar pesquisas sobre economia e teoria da decisão.

Os psicólogos e psiquiatras que compunham a equipe de pesquisa submeteram 19 voluntários ao jogo do ultimato. Os jogadores, que tinham de competir com humanos e com computadores, foram conectados a scanners de visualização por ressonância magnética. Estes scanners ressaltam as regiões do cérebro em que há alterações no fluxo de sangue, indicando aumento da atividade das células nervosas.

De acordo com um relato publicado na revista *Science*, a pesquisa foi bem-sucedida. Os autores identificaram as regiões do cérebro que são ativadas durante o jogo do ultimato. Contudo, para grande surpresa dos autores, não apenas as regiões usualmente ativadas durante processos de pensamento, córtex pré-frontal dorsolateral, estiveram em uso. Uma região geralmente associada a emoções negativas também foi ativada. Quanto mais ofensiva a oferta financeira, mais intensa se tornava a atividade das células nervosas. A chamada ínsula anterior é a mesma área do cérebro humano ativada em casos de aversões extremas, por exemplo, quando as pessoas são expostas a cheiros e gostos desagradáveis. O insulto cheira mal.

Contudo, uma outra surpresa aguardava os pesquisadores. As respostas dos jogadores dependiam de se a oferta havia sido feita por uma pessoa ou por um computador. Ofertas iníquas feitas por computadores eletrônicos resultaram em menor atividade na ínsula anterior e foram recusadas menos freqüentemente que quando feitas por humanos. Afinal, ninguém se deixa ser insultado por um computador.

50

Códigos bíblicos: o relatório *não tão* definitivo [Teologia]

Quando os editores da revista especializada *Statistical Science* [Ciência Estatística], decidiram publicar, em 1994, o artigo "Equidistant Letter Sequency in the Book of Genesis" [Seqüência de letras eqüidistantes no Livro do Gênesis], não se deram contam que estavam iniciando uma controvérsia que duraria mais de 10 anos. A questão que os autores — Doron Witztum, Eliyahu Rips e Yoav Rosenberg — investigaram era se mensagens secretas estavam escondidas no Livro do Gênesis. As supostas mensagens apontariam para eventos que apenas ocorreriam milênios após a escrita da Bíblia.

Segundo a lei judaica, o texto hebraico da Bíblia não pode ter uma única letra alterada ao longo de incontáveis transcrições. Por este motivo, muitos acreditam, ainda hoje, que o conteúdo da Bíblia é idêntico ao texto originalmente ditado por Deus a Moisés no Monte Sinai.

Os três autores acreditavam ter encontrado uma prova estatística da existência de códigos bíblicos. Se o texto do Livro do Gênesis for esticado em uma linha, sem espaços, e letras forem colhidas a intervalos regulares, supostamente, surgem combinações de palavras que fazem algum sentido. Estas palavras foram chamadas de SLEs — seqüência de letras eqüidistantes. (Os intervalos podem ter qualquer comprimento algumas vezes, milhares de letras.) Os *Proceedings of the National Academy of Sciences* [Anais da Academia Nacional de Ciências] rejeitaram o artigo, mas, como as ferramentas matemáticas usadas pareciam corretas, a revista *Statistical Science* concordou em publicá-lo. Contudo, o conselho editorial não levou muito a sério as conclusões do artigo e uma nota introdutória questionava sua validade científica. A suposta descoberta de códigos bíblicos não foi vista como um feito científico, mas como um enigma.

Witztum, Rips e Rosenberg alegaram que as SLEs de pares de palavras que guardam uma relação estão dispostas, no Livro do Gênesis, mais próximas do que seria esperado por puro acaso. Para provar esta tese, inspecionaram os nomes e datas de nascimento e morte de 66 rabinos famosos. (Em hebraico, números são representados por combinações de letras.) Para satisfação dos autores, pares de SLEs que correspondiam ao mesmo rabino pareciam estar significativamente mais próximas do que em textos arranjados aleatoriamente ou quando datas incorretas eram associadas aos rabinos. Eles afirmaram que isto provava, com grande probabilidade, que a Bíblia previu o surgimento de sábios judaicos muitos anos antes de terem nascido. Um criptógrafo da Agência Nacional de Segurança, Harold Gans, prosseguiu com uma análise própria, na qual datas foram substituídas por nomes das cidades onde os sábios haviam atuado. Este estudo também parecia mostrar que a proximidade textual de pares de SLEs não era apenas devido ao acaso.

A notícia que mensagens do Todo-Poderoso haviam sido decifradas criaram um furor. Em 1997, apareceu o primeiro best-seller sobre códigos bíblicos e os céticos começaram a prestar atenção. Brendan McKay, um professor de matemática da Austrália, e Maya Bar-Hillel, Dror Bar-Natan e Gil Kalai, de Israel, decidiram pôr um fim no que consideravam uma trapaça pseudocientífica. Como esperado, os céticos não encontraram qualquer evidência estatística de códigos secretos. Pior ainda, acusaram que os dados no artigo original haviam sido "otimizados", um eufemismo para a acusação de que Witztum, Rips e Rosenberg haviam ajustado o material bruto para adequá-lo às investigações. Após apreciação por vários estatísticos, a avaliação de McKay, Bar-Hillel, Bar-Natan e Kalai foi publicada na *Statistical Science* em 1999.

Se os editores pensaram que, então, a controvérsia amainaria, estavam completamente enganados. O debate se tornou ainda mais acalorado com o segundo artigo. O entusiasmo dos proponentes de códigos bíblicos não foi atenuado e, logo, mensagens "secretas" foram identificadas em *Moby Dick* e em *Guerra e paz*. Nesta atmosfera carregada, cientistas do apropriadamente denominado Centro para a Racionalidade da Universidade Hebraica, em Jerusalém, decidiram que era hora de submeter a questão de códigos bíblicos a uma séria análise científica. Uma comissão de cinco membros foi criada e encarregada de ir ao fundo da matéria. A comissão era composta de proponentes de tais códigos, opositores e céticos. Entre os membros da comissão estavam matemáticos do mais alto calibre, como Robert Aumann (ganhador do Prêmio Nobel de Economia de 2005), um renomado especialista matemático em teoria dos jogos, e Hillel Furstenberg, especialista mundial em uma parte esotérica da matemática chamada teoria ergódica.

Por que o teste da bem documentada proposição se revelou tão difícil? Um dos problemas é que não há vogais em hebraico e, pela simples justaposição aleatória de letras, palavras aparecem muito mais freqüentemente que em outras línguas. Uma coleção de letras escolhida aleatoriamente poderia representar o nome de uma cidade, digamos, Basiléia, com uma probabilidade de 1 em 12 milhões, enquanto o nome da mesma cidade em hebraico, *Bsl*, apareceria com a probabilidade muito maior de 1 em cerca de 10.000. (Há apenas 22 letras no alfabeto hebraico.) Uma razão mais importante para a controvérsia é que nomes podem ser escritos de diferentes maneiras em hebraico, especialmente quando transcritos do russo, polonês ou alemão. Como, por exemplo, deveria ser escrito o nome da cidade alemã onde o rabino Yehuda Ha-Hasid esteve ativo durante o século XII: Regensburg, Regenspurg ou Regenspurk? A resultante flexibilidade dá aos pesquisadores muitos graus de liberdade no preparo da base de dados.

Para eliminar qualquer dúvida sobre o processo de coleta de dados, a comissão encarregou especialistas independentes da compilação dos nomes de lugares. Como medida de precaução, as identidades dos especialistas foram mantidas anônimas e instruções foram dadas por escrito. Depois que tudo foi decidido e meticulosamente anotado, a comissão iniciou o trabalho — jogando fora todas as instruções. Parte dos especialistas haviam sido instruídos por escrito, parte oralmente e parte erroneamente. Alguns interpretaram mal as explicações; outros cometeram erros de ortografia, como confundir as cidades espanholas de Toledo e Tuleda, rabinos Sharabi e Shabazi, lugares de morte e de sepultamento.

Então, as coisas começaram a desemaranhar-se. Dois membros deixaram a comissão ainda nos estágios iniciais do trabalho e, dos três acadêmicos remanescentes, um se recusou a assinar o protocolo final. Conseqüentemente, o relatório majoritário, publicado em julho de 2002, foi assinado por apenas dois membros (Aumann e Furstenberg). Os outros dois escreveram relatórios minoritários, enquanto o quinto havia perdido todo o interesse em códigos bíblicos e não queria mais ser importunado. O fato de que dois dos cinco membros da comissão não formam a maioria é apenas uma das inconsistências no trabalho da comissão.

O "relatório majoritário" sugere que não há evidência estatística de códigos no Livro do Gênesis — o que, obviamente, não é equivalente a afirmar que não existem códigos bíblicos. Os relatórios minoritários acusaram que o experimento estava cheio de erros e, portanto, não tinha qualquer significado. Em réplicas, Aumann e Furstenberg rebateram as acusações e novas declarações se seguiram. Neste ínterim, as críticas, contestações, respostas e réplicas às respostas — tudo preparado com meticulosidade legal — enchem volumes. Palavras como mentiroso, falso e fraude, raramente encontradas em disputas acadêmicas, foram usadas por todos os lados. Os três autores originais apostaram publicamente que existem mais pares de SLEs no Livro do Gênesis que em *Guerra e paz*. Ninguém aceitou a aposta, mas Furstenberg desafiou os proponentes do código a elaborar um teste que teria mais significado. Provavelmente, a declaração mais pungente foi feita por Aumann: não importa a evidência, cada pessoa se apegará às suas idéias preconcebidas.

Referências

7
GÊMEOS, PRIMOS E PRIMOS SEXY

Dan Goldston and Cem Yildirim, "Small gaps between consecutive primes", http://aimath.org/primegaps/goldston_tech.

Andrew Granville and K. Soudararajan, "On the error in Goldston and Yildirim's 'Small gaps between consecutive primes'", http://aimath.org/primegaps/residueerror.

9
O PROBLEMA DA EFICIÊNCIA DO LADRILHEIRO

Tom Hales, "The honeycomb conjecture", *Discrete and Computactional Geometry*, vol. 25 (2001), pp. 1-22.

10
O PROBLEMA DO RABINO CATALÃO

Preda Mihailescu, "Primary units and a proof of Catalan's conjecture", *Journal für die reine und angewandte Mathematik*, a ser publicado; "A class number free criterion for Catalan's conjecture", *Journal of Number Theory*, vol. 99 (2003), pp. 225-231.

13
TERÁ SIDO A CONJECTURA DE POINCARÉ FINALMENTE RESOLVIDA?

Grisha Perelman, "The entropy formula for the Ricci flow and its geometric applications , DG/0211159. "Ricci flow with surgery on three-manifolds", DG/0303109, e "Finite extinction time for the solution to the Ricci flow on certain three-manifolds", DG/0307245, http:// arxiv.org.

18
PRESENTE DE DEUS PARA A CIÊNCIA?

Stephen Wolfram, *A New Kind of Science*, Wolfram Media, Inc., Champaign, Ill., 2002.

23
NÓS E TRANÇAS COM CORDAS REAIS

Yuanan Diao, "The lower bounds of the lengths of thick knots", *Journal of Knot Theory and its Ramifications*, vol. 12 (2003), pp. 1-16.

Burkhard Polster, "What is the best way to lace your shoes?", *Nature*, vol. 420 (2002), p. 476.

25
APOSTADORES IGNORANTES

"The communication of risk", *Journal of the Royal Statistical Society: Statistics in Society*, vol. 166 (2003), pp. 203-270.

26
TETRIS É DIFÍCIL

Erik D. Demaine, Susan Hohenberger, and David Liben-Nowell, "Tetris is hard, even to approximate", http://www.arxiv.org/PS_cache/cs/pdf/0210/0210020.pdf.

33
COMO SABER SE É PRIMO?

Manindra Agrawal, Nitin Saxena, and Neeraj Kayal, "PRIMES is in P", http://cse.iitk.ac.in/news/primality.html.

34
UM MATEMÁTICO JULGA OS JUÍZES

Lawrence Sirovich, "A pattern analysis of the second Rehnquist U.S. Supreme Court", *Proceedings of the National Academy of Sciences*, vol. 100 (2002), pp. 7432-7437.

37
COMPRIMINDO A *DIVINA COMÉDIA*

D. Benedetto, E. Caglioti, and V. Laureto, "Language trees and zipping", *Physical Review Letters*, vol. 88 (2002), p. 48702.

38
A FÓRMULA FUNDAMENTAL DA NATUREZA

Johan Gielis, "A generic geometric transformation that unifies a wide range of natural and abstract shapes", *American Journal of Botany*, vol. 90 (2003), pp. 333-338.

40
A DIMENSÃO FRACTAL DA BARREIRA DE SEGURANÇA DE ISRAEL

B.B. Mandelbrot, "How long is the coast of Great Britain? Statistical self-similarity and fractal dimension", *Science*, vol. 155 (1967), pp. 636-638.

G. Dieter and Y-C. Zhang, "Fractal aspects of the Swiss landscape," *Physica A*, vol. 191 (1992), pp. 213-219.

41
CALCULADO A GELO FRIO

Naohisa Ogawa and Yoshinori Furukawa, "Surface instabilities and icicles", *Physical Review E*, vol. 66 (2002), p. 41202.

43
ZUMBINDO NAS ESQUINAS

S. Fry, R. Sayaman, and M.H. Dicknson, "The aerodynamics of free-flight maneuvers in *Drosophila*", *Science*, vol. 300 (2003), pp. 495-498.

44
NEGOCIANTES INEXPERIENTES TORNAM O MERCADO EFICIENTE

John List, "Testing neoclassical competitive market theory in the field", *Proceedings of the National Academy of Sciences*, vol. 99 (2002), pp. 15827-15830.

45

A DANÇA DO REQUEBRADO DOS SERVIDORES DE INTERNET

Sunil Nakrani and Craig Tovey, "On honey bees and dynamic allocation in an Internet server colony", *Proceedings of 2nd International Workshop of Mathematics and Algorithms of Social Insects*, Atlanta, Ga., 2003.

47

CODIFICANDO MENSAGENS COM VELAS E *RÉCHAUDS*

Norbert Hungerbühler and Michael Struwe, "A one-way function from thermodynamics and applications to cryptography," *Elemente der Mathematik*, vol. 58 (2003), pp. 1-16.

49

INSULTOS CHEIRAM MAL

Alan G. Sanfey, James K. Killing, Jessica A. Aronson, Leigh E. Nystrom, and Jonathan D. Cohen, "The neural basis of economic decision-making in the ultimatum game", *Science*, vol. 300 (2003), pp. 1755-1758.

50

CÓDIGOS BÍBLICOS: O RELATÓRIO *NÃO TÃO* DEFINITIVO

Robert Aumann and Hillel Furstenberg, "Findings of the Committee to Investigate the Gans-Inbal Results on Equidistant Letter Sequences in Genesis", Center for Rationality, Discussion Paper 364, June 2004, http://www.ratio.huji.ac.il/dp.asp.

ÍNDICE